普通高等职业教育计算机系列规划教材

软件项目开发与管理案例教程（第 2 版）

牛德雄　龙立功　主　编

扶卿妮　熊君丽　杨叶芬　副主编

電子工業出版社

Publishing House of Electronics Industry

北京 • BEIJING

内 容 简 介

本书以一个贯穿项目为载体，以任务驱动的方式介绍软件开发中各阶段所需的知识、技术、方法、工具等。

本书围绕软件开发能力的培养组织内容，全书共8章，内容如下：第1章，介绍软件、软件开发、软件项目管理等相关概念，重点介绍软件开发中容易混淆的一些概念并为后续学习做知识准备；第2和第3章，介绍传统的软件开发方法，适合软件开发初学者学习；第4和第5章，介绍面向对象的开发方法，利于读者掌握目前流行的面向对象的软件开发方法与工具；第6章，介绍软件的实现，包括编码与测试，只有通过测试的软件，其编码才能告一段落；第7章，介绍软件的维护；第8章，介绍本书软件项目完整的开发过程案例，可作为软件设计文档范本。

本书可作为高等职业院校项目管理课程的教材，同时也适于软件项目管理人员、软件开发人员阅读，或作为项目管理人员的培训教材使用。

图书在版编目（CIP）数据

软件项目开发与管理案例教程/牛德雄，龙立功主编. —2版. —北京：电子工业出版社，2018.2
普通高等职业教育计算机系列规划教材
ISBN 978-7-121-33307-1

Ⅰ. ①软… Ⅱ. ①牛… ②龙… Ⅲ. ①软件开发－项目管理－高等职业教育－教材 Ⅳ. ①TP311.52

中国版本图书馆CIP数据核字（2017）第311545号

策划编辑：徐建军（xujj@phei.com.cn）
责任编辑：徐建军　　特约编辑：方红琴　俞凌娣
印　　刷：北京盛通数码印刷有限公司
装　　订：北京盛通数码印刷有限公司
出版发行：电子工业出版社
　　　　　北京市海淀区万寿路173信箱　邮编 100036
开　　本：787×1 092　1/16　印张：11.75　字数：300.8千字
版　　次：2013年11月第1版
　　　　　2018年2月第2版
印　　次：2024年8月第8次印刷
定　　价：32.00元

凡所购买电子工业出版社图书有缺损问题，请向购买书店调换。若书店售缺，请与本社发行部联系，联系及邮购电话：（010）88254888，88258888。

质量投诉请发邮件至 zlts@phei.com.cn，盗版侵权举报请发邮件至 dbqq@phei.com.cn。

本书咨询联系方式：（010）88254570。

前言
Preface

教育部十六号文件《关于全面提高高等职业教育教学质量的若干意见》明确指出要“加强素质教育，增强学生的职业能力，加大课程建设与改革的力度”。本书尝试摒弃传统软件工程的学科性教学，围绕软件开发需要的职业能力，组织与设计本教材的教学内容。

传统的软件教学重点在知识与技术教学，其不足主要表现在：概念与理论知识多、力求知识理论体系的完善，但软件开发技术、方法的教学针对性不强，每个软件开发阶段在过渡时技术上显得脱节，教学内容对程序编码的指导作用不明显等。所以，学生难以理解与领悟其中的内容，特别是在实际操作上难以做到学以致用。另外，软件开发与管理模式灵活多样，知识体系庞大，要完整掌握难度也大。

针对上述问题，笔者在进行教学内容设计时，分析了高等职业院校学生的特点，以软件开发专业人才应知应会的知识、能力作为培养目标，并围绕这些目标进行教学内容的设计。本书教学内容的设计具有以下特点：

- 内容的取舍以实用为原则，为职业能力培养目标服务。
- 以软件开发过程典型工作任务为重点，力争在技术上连贯。
- 教学情境的设计深入浅出，以任务驱动的形式组织教学，使学生容易消化。
- 加强各阶段教学内容在技术层面上的衔接，突出了从软件设计到编码技术上的过渡。
- 在内容组织方面，体现了“项目导向、任务驱动”的教学模式，突出展现了软件开发引导案例的技术连贯及其实现，再通过它突出体现软件开发的重要理论知识。
- 整个教学内容以一个项目（物流管理系统）为载体，将软件开发的理论、方法、工具、开发过程等融为一体。最后一章还提供这些案例的完整文档，让读者（特别是软件专业的学生）能具备软件开发报告的编写能力。

软件开发过程主要有需求分析、软件设计、编码与测试、软件维护等活动，它们构成了软件开发过程的主要任务阶段。但是这些活动之间的组织不是简单线性的，它们之间的组织关系非常灵活，有多种经典模式。这就是为什么这些内容在实际中难以被掌握的原因。

软件开发各重要阶段的教学，就是本课程的教学重点内容，其实它们又是教学难点内容。这些教学内容及它们在技术层面的过渡往往被以前的教材忽略，或连贯性不强。本书以项目为导向，通过任务驱动组织这些内容，从而解决了上述重点与难点的教学内容展示及衔接问题。

另外，本书的内容组织利于软件开发人员的学习。比如第 1～第 3 章，目的是培养学生了解软件开发过程，让初学者知道软件是如何开发的，使学生掌握软件编码前的一些概念，并掌握传统需求分析、软件设计的过程与基本方法。而后续的第 4、第 5 章讲述的是面向对象的方法，学生在已学习需求分析和软件设计的基础上，采用流行的面向对象的方法进行分析建模与软件设计，并体现了面向对象的设计向面向对象编码技术上的过渡。第 6 章介绍了软件的编码实现与测试，说明在软件的编码过程中，测试非常重要，只有通过测试才能得到实用软件，所以将代码编写与软件测试融为一章。第 7 章介绍了软件使用中的维护，软件维护是软件生命周期的一个重要内容，它保证了用户正常使用软件。第 8 章则通过一个物流管理系统软件开发案例，综合应用前面介绍的面向对象软件开发方法，示范了软件开发的过程及文档的编写。

本书条理清晰、内容实用、技术连贯；书中对内容的表述力求做到深入浅出，使易混淆的概念、方法等容易被理解与掌握。本书内容的过渡在技术上连贯，体现了“项目导向、任务驱动”的教学思想，利于培养学生的软件开发能力。本书内容有助于对软件开发其他课程的学习。

本书由牛德雄、龙立功担任主编，其中，第 1 章、第 4 章、第 5 章由牛德雄、龙立功编写；第 2 章、第 3 章由杨叶芬编写；第 6 章由熊君丽编写；第 7 章由扶卿妮编写；第 8 章由牛德雄、施茂航编写。另外，魏云柯设计了本书所用到的图，移动中心数学企业顶峰公司参与了本书内容的设计，在此一并表示感谢。

为了方便教师教学，本书配有电子教学课件及相关资源，请有此需要的教师登录华信教育资源网（www.hxedu.com.cn）免费注册后下载，如有问题，可在网站留言板留言或与电子工业出版社联系（E-mail：hxedu@phei.com.cn）。也可以通过 178074603@qq.com 与编者联系，或者进入 QQ 交流群（375571590）获取更多教学资源。

目前，国内外关于软件工程、软件开发与管理方面的资料非常多，新理论、新技术层出不穷。如何更好地取舍与组织适合高等职业院校学生教学的内容，需要不断探索。通过编者一段时间的教学实践，证明使用本教材，学生很容易掌握以前烦琐的软件工程知识。

由于编者水平有限，书中难免存在疏漏和不足，恳请同行专家和读者能给予批评和指正。

编　者

目录
Contents

第1章 软件开发与管理概述

学习目标

[知识目标]

- 理解程序、软件、系统 3 个层次概念及其区别。
- 理解程序设计、软件开发、系统应用 3 个层次的活动。
- 了解软件开发过程主要阶段的概念与任务，包括需求分析、软件设计、编码实现、软件测试和软件维护等阶段。
- 了解几种常见的软件开发模型。
- 了解软件的结构化开发方法、面向对象开发方法。
- 了解软件开发辅助工具的相关概念。
- 了解软件项目管理内容和制作项目进度计划。
- 了解软件质量、质量管理及质量保证体系相关内容。

[能力目标]

- 能将软件项目按软件开发过程分解任务，并进行任务管理安排。
- 能用 Microsoft Project 制作项目开发进度计划，并打印出进度表。

1.1 软件与软件开发概述

1.1.1 程序、软件与系统

刚开始学习软件时，一般先是学“程序”的设计。但程序与软件是一回事吗？

程序是计算机执行代码组成的指令集。读者在刚开始学习程序设计时，往往是先学习程序设计基础知识，了解程序设计思想及逻辑算法的概念。但随着学习的深入，逐步到了具有一定“实用”价值的软件开发阶段，这时需要进一步学习软件开发的理论、过程规范等。

从学习阶段来讲，程序设计是软件设计学习的初期阶段；从软件组成来讲，程序设计是软件开发的组成部分之一。软件中的各个程序，是整个软件系统的有机组成部分，在软件的运行过程中，它们之间可能需要进行复杂的交互。这也说明了软件的结构复杂，软件开发与管理难度大。

1. 软件相关概念

计算机软件又称“软件”，是相对于计算机“硬件”的概念，它是具有可用性的逻辑“物品”，也是一种“产品”。计算机软件是具有使用价值的计算机（软件）产品的一个完整配置。

从产品构成上来说，软件由下面 3 个部分组成：

（1）程序代码。

（2）软件文档。

（3）数据结构和数据。

这 3 个组成部分，构成了完整的软件，程序代码只是软件的部分组成。而程序代码又是由各个部分的程序代码组成的一个整体，人们很容易将这个程序代码与软件概念等同。程序代码和软件的关系如图 1.1 所示。

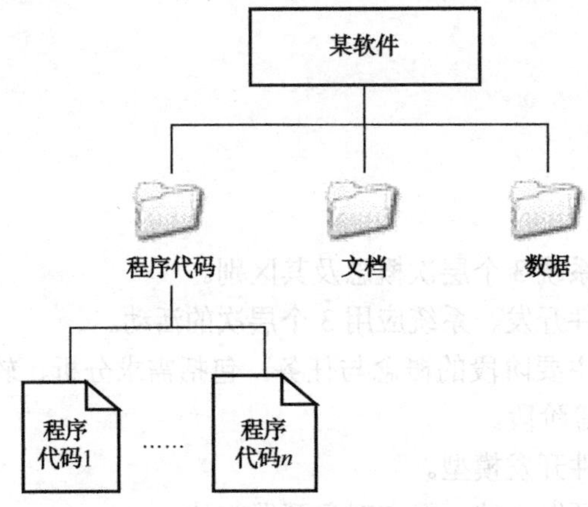

图 1.1　软件与程序代码的关系

这些程序代码整体集合，再加上软件文档、数据结构与数据等构成了软件的配置，也就是该软件。软件的开发，需要基于这些配置才能有效顺利地进行。软件开发的理论与方法是人们经历了长期的实践与探索才形成的一个较完整的体系。即从早期的程序设计的五花八门，到现在的软件工程思想、技术方法，再到软件开发标准与规范，逐步形成了现代的软件开发与管理理论。

系统是指为某个目标而有机地结合的一个较完整的整体，如硬件系统、软件系统、应用软件系统、财务软件系统等。系统具有“生命”与“边界”；系统的结构是由各相互合作的子系统组成的。系统的运行需要硬件条件与软件条件，是在人的操作下进行的。软件系统是计算机系统的一个必要组成部分。

程序、软件、系统（软件）是既有区别又有联系的概念，有着各自不同的范畴与知识领域，且理解角度不同。在学习软件开发时，要立足软件的范畴与体系，围绕“软件产品”的结构、功能、设计与实现过程等各方面的知识与技能。

2. 软件的特点

软件相对于硬件来说，具有以下特点：

（1）软件是逻辑的，而不是物理的产品。因为逻辑实际只存在于人的头脑当中，所以软件的开发过程极难控制。

（2）软件是由人开发形成的，没有明显的制造过程。软件成本集中于“开”上，因而软件项目不能完全像硬件制造项目那样来管理。

（3）软件由人的“开发”劳动而成，到目前为止，软件开发尚未完全摆脱人的手工方式。所以，个人因素在软件开发过程中所占的重要性比重很大。

（4）软件成本相当高，具体包括开发费用和维护费用。

（5）软件本身是复杂的，维护困难且维护成本高。

软件的特点决定软件的开发与管理复杂。

3. 程序设计、软件开发及系统应用与支持

软件设计开发的学习是从程序设计开始的。这时程序设计的规模较小，实现的目标少、实用性不高。随着软件开发知识的深入，进入软件设计与开发领域知识与技能的学习。

程序设计是程序级代码的设计与实现，主要体现在程序处理过程中逻辑的设计与实现上，其相当于软件设计中的“详细设计”。而软件设计不是简单的程序设计的叠加，各个程序之间是有机联系的。由于软件设计复杂、规模大，一般软件设计需要一个宏观蓝图的规划，即所谓的“概要设计”。通过所谓概要设计将复杂的大问题分解成一些小问题，直到软件中程序代码的设计（即详细设计）。软件开发还包括需求分析、编码实现与软件测试等阶段。

所以，程序设计是在软件的“整体”结构下的各有机组成部分的程序代码的设计。

例如：一个财务管理软件，它包括该软件的程序代码、使用文档、数据与数据库等；而程序则是该软件中可以执行的程序文件、源程序文件等；而安装使用后，便与计算机硬件、网络等构成一个财务管理系统，而运行的财务软件部分则称为财务系统软件。

软件开发的最终产品是可供应用的软件系统。软件系统能为用户提供一定的应用服务。系统运行与应用对应的工作岗位有：软件系统实施、用户培训、系统操作、系统维护、系统技术支持等。

表 1.1 为软件开发各阶段特征及工作任务类型。

表 1.1　程序设计、软件开发和系统支持的区别

类　型	阶段特征及工作任务类型
程序设计	程序过程级的算法分析与设计、程序设计与实现
软件开发	包括软件的总体结构与程序过程级。任务有需求分析、软件设计、数据库设计、编码实现、软件测试等
系统支持	包括计算机硬件系统与软件系统的运行与支持。对应的任务有以系统的观点进行的系统认知、系统设计、系统开发、系统应用

1.1.2　软件开发的特征

1. 软件的设计与开发的复杂性特征

如前所述，软件本身是个复杂体，软件的设计与开发也是个复杂的过程。

软件设计与开发的复杂性特征如下：

（1）软件要满足用户的使用需求，软件的设计要从用户需求开始。

（2）软件设计开发常常是多人组成的团队进行的复杂工作，需要团队成员之间进行交流与合作。

（3）软件开发“文档”在项目的开发与管理中是一个基础性内容，文档是团队成员交流与合作的基础，也是管理与规范的基础。

（4）软件的开发需要通过对项目的管理与控制，使各方面工作秩序化。

（5）某个软件开发团队的模式相对稳定，是由该团队的成员特点共同决定的，但团队的管理水平和能力有不同的层次，需要不断地改进。

（6）软件的质量是软件设计与开发的生命。

2. 软件文档及其作用

软件开发知识：软件开发文档

在软件开发中，团队成员之间进行技术交流、分析与设计的表达、管理计划与过程控制、技术资料归档等，均需要软件文档。软件文档在软件开发过程中起着非常重要的作用。初学者开始时感觉不到软件文档的重要性，觉得它是可有可无的。但随着软件开发的深入，特别是团队形式的开发，文档的重要性就会逐步体现出来。

软件文档一般包括开发文档、产品文档、管理文档3类。

（1）开发文档是描述开发过程本身的文档，如需求分析文档、软件设计文档、软件测试文档等。

（2）产品文档是描述开发过程的产物，如培训手册、用户指南、产品手册、产品宣传册或广告等。

（3）管理文档是记录项目管理的过程信息，如开发过程的每个阶段的进度和进度变更的记录、软件变更情况的记录、开发阶段评审记录、职责定义等。

软件文档具有以下作用：

（1）软件文档是软件项目管理的依据。

（2）软件文档是软件开发过程中各任务之间联系的凭证。

（3）软件文档是软件质量的保证。

（4）软件文档是用户手册、使用手册的参考。

（5）软件文档是软件维护的重要支持。

（6）软件文档是重要的历史档案。

软件开发所涉及的文档主要有以下几种。

（1）可行性研究报告。

可行性研究报告说明该软件在技术上、应用上、经济上是否可行，即是否值得开发、是否开发得出、是否违背社会法律和人们的道德规范，如果可行则应该怎样开发等，供决策者参考。

（2）项目开发计划。

项目开发计划是指为软件项目实施制订出具体的计划，该计划包括各部分工作任务的负责人员、开发进度、开发经费预算、所需要的硬件和软件资源等。

（3）软件需求说明书。

软件需求说明书也称软件规格说明书，是对所开发软件的功能、性能、用户界面、运行环境等做出的详细说明。它是用户与开发人员双方对软件需求取得的共同理解和协议，通过该文档确定下来并作为今后开发工作的基础。

（4）数据要求说明书。

数据要求说明书对数据的逻辑结构及各数据项的描述，以及对数据采集、数据约束的各项要求的说明，为今后生成和维护数据库、数据文档做准备。

（5）概要设计说明书。

概要设计说明书是软件概要设计阶段的工作成果，是软件总体设计内容，它说明功能分配、模块划分、程序总体结构、输入/输出以及接口设计、运行设计、数据结构设计、出错处理设计等，为详细设计奠定基础。

（6）详细设计说明书。

详细设计说明书描述每一模块内部是如何实现的，包括实现算法、逻辑处理流程等。

（7）用户手册。

用户手册详细描述使软件正常运行的步骤，以及软件的功能、性能、用户操作界面，使用户了解如何使用该软件。

（8）操作手册。

操作手册为操作人员提供了该软件各种运行情况的有关知识，特别是操作方法的具体细节、注意事项等。

（9）测试计划。

为做好各种测试，需要为如何组织测试制订实施计划。计划应包括测试的内容、进度、条件、人员、测试用例等，并且包括各测试用例的执行步骤及预期结果和运行的偏差范围等。

（10）测试分析报告。

测试用例执行完后，通过编写测试计划执行情况的说明，对测试结果予以分析，并提出测试结论意见，形成测试分析报告。

（11）项目开发总结报告。

软件项目开发完成之后，通过总结软件开发执行情况，如进度、成果、资源利用、成本和投入的人力等进行总结，为今后的开发提供借鉴。同时还对整个开发工作进行评价，总结出经验和教训，以不断提高团队的能力。

1.2　软件开发

软件开发是个复杂的工作任务，且其中包括多个领域的知识，主要有以下几个方面：软件开发过程、软件开发方法、软件开发工具、软件项目管理等。

1.2.1　软件开发过程

软件的开发不同于程序阶段的开发，它是个复杂的系统工程。虽然软件开发是逻辑产品的创造过程，没有一个明显制造过程的特点，但在开发工作过程中的主要工作任务是明确的，即包括：需求分析、软件设计、编码实现、测试、项目管理等。这些任务有着各自明确的内容，它们之间内容虽不同但却相互联系与衔接，形成复杂的工作流程，这个复杂的工作流程就是所谓的软件开发过程。软件开发过程一般不是一个固定的模式。不同的相互衔接模式，构成了软件开发的工作过程的不同模型。

软件开发过程一般从问题定义，再到需求分析、软件设计、编码实现、软件测试，直到交付使用，最简单的过程如图 1.2 所示。

软件开发过程中的各个任务阶段之间的关系，不是一种简单的流程，如有线性的瀑布式、有螺旋上升的迭代式等。

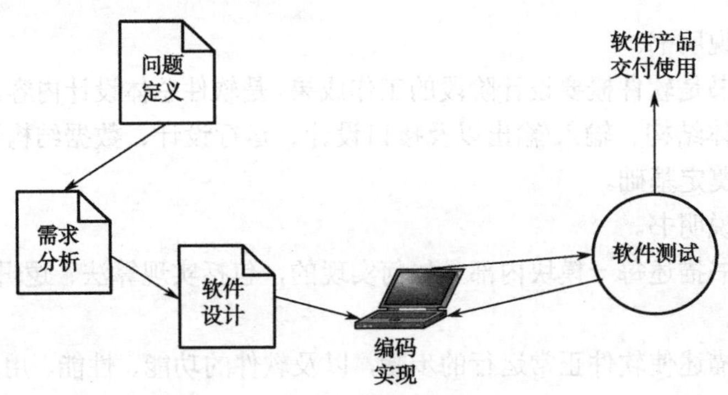

图 1.2　简单的软件开发过程示意

1. 软件开发过程的主要任务活动

软件开发知识：软件开发的工作任务

软件开发不只是程序编码工作，它还包括需求分析、软件设计、编码、软件测试、软件维护等工作任务。

软件开发过程一般包括的任务活动有：问题定义、需求分析、软件设计、编码实现、软件测试、软件维护等。

（1）问题定义。

从高层次了解“用户要计算机和软件做什么”，确定软件的功能及边界。只有了解了计算机和软件要干什么，才能安排好下一步的工作。该工作一般由系统分析师根据调研现实情况，通过精确的文字陈述出来。

（2）需求分析。

需求分析的任务是精确地描述软件系统必须“做什么”，确定系统具有哪些功能。该任务是由需求分析师通过分析得到软件的需求，并通过需求分析文档精确地表达出来。该文档是下一步软件设计的基础。

（3）软件设计。

软件设计的任务是软件设计师将软件要做的功能，即上一步的软件需求转化为要做的内容与规划蓝图，以设计文档的形式表现出来。软件设计回答“怎么做”的问题，包括宏观与结构层面的设计，以及各程序内部处理过程的设计，即所谓的概要设计和详细设计。

（4）编码实现。

编码实现是程序员将上一步的软件设计蓝图，通过某种程序设计语言一个一个地完成软件的程序代码的编写，然后将它们集成起来形成一个可使用的完整软件。

（5）软件测试。

软件测试是测试员将已经编写好的软件进行操作以发现问题。测试员测试的主要依据是软件需求、软件设计等。软件测试是软件质量保证的重要手段，测试要尽可能地发现软件中的问题，这是个非常复杂的工作，测试一般包括单元测试、集成测试、验收测试等。

（6）软件维护。

软件维护是软件交付使用后，为了保证软件正常的使用，以及满足用户使用时的各项要求而进行的维护工作。一般来说，如果软件在没被废弃前，都需要进行软件维护。

其实，上述各阶段任务是对要开发的“软件”的一个层次的抽象与描述。每个阶段需要上一阶段作为输入，再加上本阶段任务的“工作”，便是后续阶段的输入。软件开发各个阶段的任务，需要一直做到用户使用软件满意为止。

软件开发各阶段中的任务和要完成的工作内容如表 1.2 所示。

表 1.2　软件开发任务对应的角色、职责

任　务	职　责	开发人员角色
需求分析	了解、分析用户需求，编写需求分析说明书	需求分析师
软件设计	根据系统要求设计软件总体架构；根据功能需求分析说明书设计软件功能模块并细化，编写软件设计说明书	软件设计师
编码实现	根据软件设计说明书及编码规范编写代码，并进行单元测试	程序员
软件测试	根据软件需求、设计文档设计软件测试用例、制定测试计划，并对软件进行集成测试和系统测试，编写测试报告。配合程序员修改完善代码并进行回归测试	测试员
软件维护	负责维护用户使用过程中出现的各种问题	维护人员
项目管理	制定开发计划，组织团队并制定开发规则，领导各开发人员顺利工作并进行开发过程控制（监督、检查成员工作情况，控制质量等），成员工作评估及激励等	项目经理

2. 软件开发过程模型

软件开发知识：软件开发过程模型

不同的软件开发企业可能采取不同的开发过程方式，并形成了相对固定的开发模式，这些相对固定的开发模式称为软件开发过程模型。这些过程模型有：瀑布模型、快速原型模型、增量模型、螺旋模型、统一软件开发过程模型等。

软件开发各个阶段的任务，贯穿于从产品的提出到开发完成并进行应用的各个阶段。但各工作阶段任务之间的连接不是完全相同的，有线性的、递增的、迭代的、螺旋上升的等不同情况，即所谓的不同软件开发过程模型，如图 1.3～图 1.6 所示。

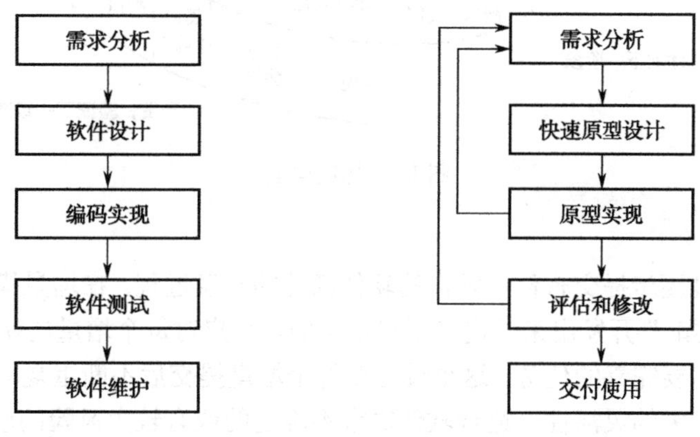

图 1.3　线性的瀑布模型　　　图 1.4　快速原型模型

（1）瀑布模型。

瀑布模型是将软件开发过程的各个阶段任务规定为自上向下的线性过程，按照这种线性顺序连接的软件开发过程模型。该模型利于传统的结构化开发方法，但缺乏灵活性，用于解决由于需求的不确定性和不准确性带来的困难。

（2）快速原型模型。

通过先快速建立反映用户需求的原型，以便与用户更好地沟通，通过它可以快速、全面地

获取用户需求。快速原型直观且利于反复修改。当通过快速原型准确全面地获得用户需求后，就可以进行正式开发。既可以在原型的基础上修改完善，也可以完全抛弃该原型，重新进行开发。

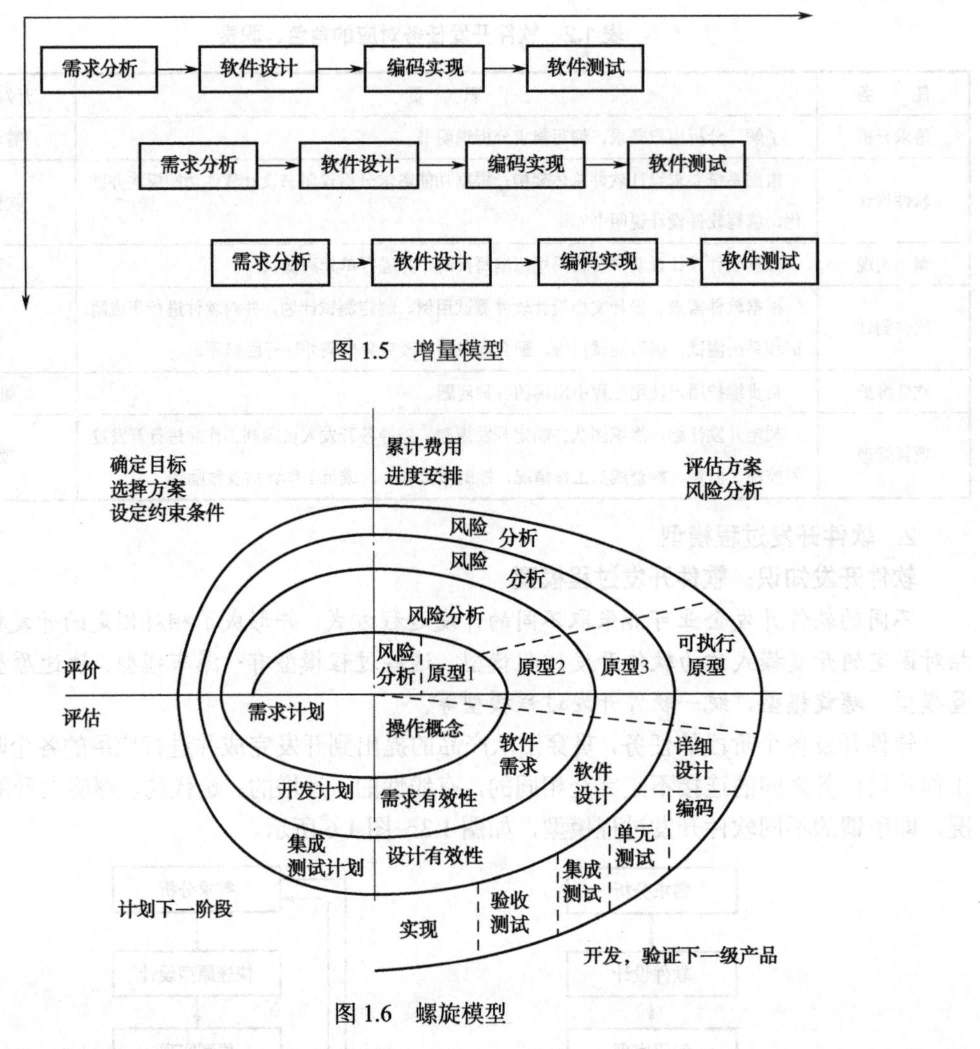

图 1.5　增量模型

图 1.6　螺旋模型

（3）增量模型。

增量模型是通过逐步提交软件可操作的软件部件的开发过程。在增量模型中，软件是通过一个个增量部件“逐渐”开发出来并提交用户使用的。用户对每个增量的使用和评价都可作为下一个增量或版本需要完善的任务，这个过程在每个增量提交后不断重复，直到最终产品的完成。增量模型具有较大的灵活性，适合软件需求不确定的或有较大风险的软件项目。

（4）螺旋模型。

螺旋模型是将软件开发的需求分析、软件设计、编码实现、软件测试进行循环迭代开发。每一次迭代都在前次迭代的基础上再进行分析、设计、编码和测试工作。在进行迭代时，要经过重新进行需求定义、风险分析，再进行工程实现，以供用户评估的过程。每一次迭代既是对上一次迭代的完善与提升，也是下一次迭代的基础与前提。

（5）统一软件开发过程（UP）模型。

UP 是一种开放式的软件工作过程。它是通过需求和风险驱动，以软件构架为中心的迭代和增量方法。每次迭代都具有需求、分析、设计、实现、测试等核心工作。强健的软件架构和设计，能避免源程序的无序堆砌；迭代和增量方法能避免一些风险。每一次迭代都通过任务驱动，如需求、风险等。UP 模型综合应用各种方法、技术、过程，以统一模型语言（UML）为整个开发过程的视图工具，将整个过程视为一个统一综合体。

UP 是通用的软件开发过程，在使用时必须为软件开发组织定制，然后为每个项目定制。因为所有的项目都不同，如果教条地使用 UP 方法并不能很好地工作。

1.2.2 软件开发方法学和软件工程

软件开发知识：软件开发方法

软件开发方法可以认为是用一套已定义好的某种技术集和工具来组织软件开发的过程。人们在软件开发中创建了很多种方法，并逐步形成了两种方法体系，即传统的结构化软件开发方法和面向对象的软件开发方法。

1. 软件开发方法学

软件开发领域除了编码，以及分析、设计、测试等技术方面外还有管理，所以其体系非常复杂、庞大。为了保证软件开发的成功，人们探索了一些软件开发的方法，它们对软件产业的发展起到了不可估量的作用。

软件开发方法是人们用已经定义好的技术集表示符号来组织软件生产过程的方法。其方法一般表示一系列的步骤，每个步骤都与相应的技术和符号相关。软件开发方法又称软件工程方法学，它是通过某种工程步骤、方法、工具形成的一种相对固定的工程与方法体系。

软件开发方法学包括两大类：传统的软件开发方法、面向对象的开发方法。

传统的软件开发方法又称结构化开发方法、面向过程的软件开发方法，它用结构化方法进行分析、设计、实现、测试、维护，并分别用结构化模型建立分析模型、设计模型。

面向对象的开发方法是以对象作为基本元素构建系统的方法，如面向对象方法分析阶段建立面向对象分析模型，设计阶段建立面向对象设计模型，开发语言采用面向对象程序设计语言。

采用面向对象程序设计语言，如 Java 语言编写程序，并不能说明采用的是面向对象的方法，因为完全可能采用传统的结构化方法的需求分析模型、软件设计模型，实现阶段采用面向对象语言。由于传统方法的各个过程的元素（以模块为单位）相关性不强、差异性大，这也是其软件开发成功率不高的原因；而面向对象的各个过程都是以"对象"的概念相关联，具有许多优点，利于修改与维护，软件开发成功率高。

传统的软件设计以"模块"为单位，常以面向对象的编码语言实现这些"模块"及"模块"之间的交互关系。面向对象的软件设计主要以"系统"与"对象"为单元，以供面向对象的编码语言实现。

两种方法的优缺点：模块与编码语言的元素没有对应，各个阶段的过渡难，各阶段之间容易"失真"。类与对象在面向对象的各个阶段都是一致的概念，所以面向对象开发的各个阶段过渡容易。

（1）传统的软件开发方法采用结构化模型，即结构化分析模型、结构化设计模型工具来给软件建模。

（2）面向对象软件开发方法采用面向对象模型，即面向对象分析模型、面向对象设计模型工具给软件建模。

2. 软件工程相关概念

软件开发方法学中，除技术方面（如分析技术、设计技术、编码技术、测试技术等）外，还有软件开发管理。而软件开发管理就是通过计划、组织和控制等一系列活动，合理地配置和使用各种资源（如人力资源、软硬件资源等），使工作有序地进行，以逐步达到既定开发目标。

软件工程的定义：采用工程的概念、原理和方法来开发和维护软件，把经过时间考验而证明的正确的管理技术和当前能够得到的最好的技术方法结合起来，这就是软件工程。

在软件开发过程中，技术和管理都非常重要，二者缺一不可。但长期以来，在实际工作中，重视技术的多，对过程管理重视的少。特别是对于大型的软件开发，没有好的过程管理，团队的开发容易处于无序状态，很难保证开发的进度与质量。

1.3 软件项目管理内容

通过软件分析与设计，从技术上将要做的任务搞清楚后，下面就是执行的问题了。技术和管理是软件开发过程中不可或缺的两个方面。

技术是软件开发过程中分析、设计、实现、测试、维护等采取的各种技术、方法，以完成所分配的任务。但这些工作任务能否有条不紊地顺利进行，还需要管理来加以控制。通过软件项目管理能保证在软件开发过程中有秩序地达到目标。软件项目管理贯穿于软件开发的始终。

例如通过软件设计，绘制了工作蓝图与要做的任务，技术上指导了开发的秩序化，但实际工作过程中，需要管理进行控制与落实。

所谓“项目”，是指在一定约束条件下（如人力、时间、资金、环境等）具有特定目标的一项要完成的一次性任务。而“项目管理”则可认为是在一个确定的时间范围内，为了完成一个既定目标，通过特定的临时性运行组织，有效地计划、组织、领导和控制，充分利用既有资源的一种系统管理方法。通过项目管理，使得该组织能有序地完成任务。

软件开发知识：项目的要素

根据“项目”的定义，项目主要包含要完成的任务、限定的时间、需要的成本、利用的资源等几个方面要素。

所以，软件项目管理则是在软件开发过程中，将项目进行分解、细化成不同的相互衔接的工作任务，通过制定计划、分配相应的人员和其他资源，进行监督、跟踪、协调与控制，使项目组织有序地工作，直至项目完成的过程活动。

因此，项目管理有：任务活动、时间、资源、成本等要素。其中，定义与分解任务活动、安排活动、估算活动资源是进行有效项目管理的关键。

引导案例

确定软件项目管理内容

软件项目管理内容主要包括：

（1）制定项目进度计划。

（2）人员的组织与安排。

（3）项目过程管理与控制。

（4）软件质量管理。

1.3.1　软件项目管理

1. 制定项目进度计划

项目开发是一个总任务，它是由许多子任务组成的，各个子任务还可以分解为更小的任务。这些任务如何合理地进行安排、分配资源、控制进度等，是项目管理者（如项目经理）要考虑的问题。项目管理者通过制定项目进度计划，为后续的工作进行安排，以使项目开发团队能顺利、协调地进行。

合理的项目计划，能合理地配置资源，发挥成员的工作能力，有利于协调工作，提高工作效率，使开发工作顺利进行。否则，会浪费资源，时间安排不准确，工作混乱，效率低。

案例实现

制定项目进度计划

制定项目计划是项目管理的重要一步，下面用 Microsoft Project 作为工作制定项目进度计划。制定项目计划需要确定以下几个方面的内容：

（1）确定工作总任务与各子任务。

（2）确定完成各任务的起止时间。

（3）确定完成任务需要的条件与资源。

（4）确定完成任务需要的具体人员。

一个项目进度计划有如下几个因素：工作任务、时间（起止时间）、人力资源与其他资源与条件等。例如，某个项目的计划安排，有需求分析、软件设计、编码、测试、验收等 5 个任务。完成的起止日期为 2012 年 2 月 27 日到 2012 年 4 月 4 日。目前的人员有 5 人，可以承担这些任务，并且要添置 5 台计算机。图 1.7 就是利用 Project 制定的该项目的进度计划。

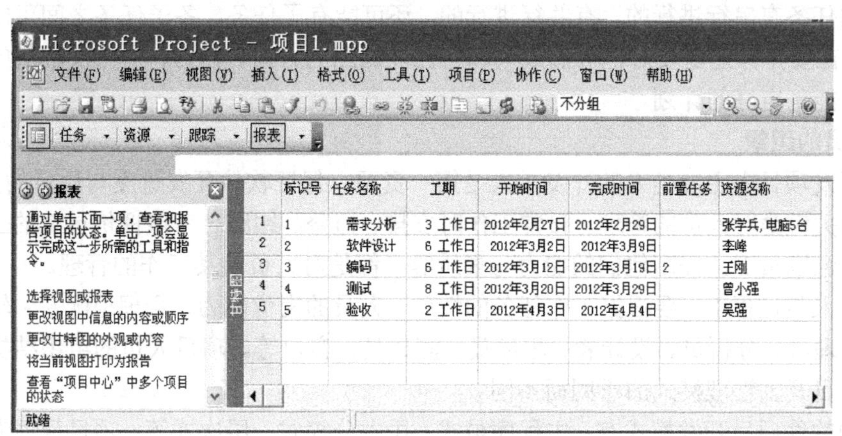

	标识号	任务名称	工期	开始时间	完成时间	前置任务	资源名称
1	1	需求分析	3 工作日	2012年2月27日	2012年2月29日		张学兵,电脑5台
2	2	软件设计	6 工作日	2012年3月2日	2012年3月9日		李峰
3	3	编码	6 工作日	2012年3月12日	2012年3月19日	2	王刚
4	4	测试	8 工作日	2012年3月20日	2012年3月29日		曾小强
5	5	验收	2 工作日	2012年4月3日	2012年4月4日		吴强

图 1.7　某项目的进度计划

制定好 Project 项目后，选择“文件”/“打印预览”或“打印”命令，就可以进行项目计划的预览和打印了（见图 1.8，当然还可以选择不同的格式打印）。

项目管理者要制定合理、准确的项目进度计划，对需要做的任务、时间、资源进行合理的安排。

项目总体任务要求有一个总体计划，各个阶段要有阶段计划。制定计划时，管理人员要根据任务的性质及要求，合理安排人力和物力等资源进行制定，制定好的工作计划也是项目管理者的能力之一。

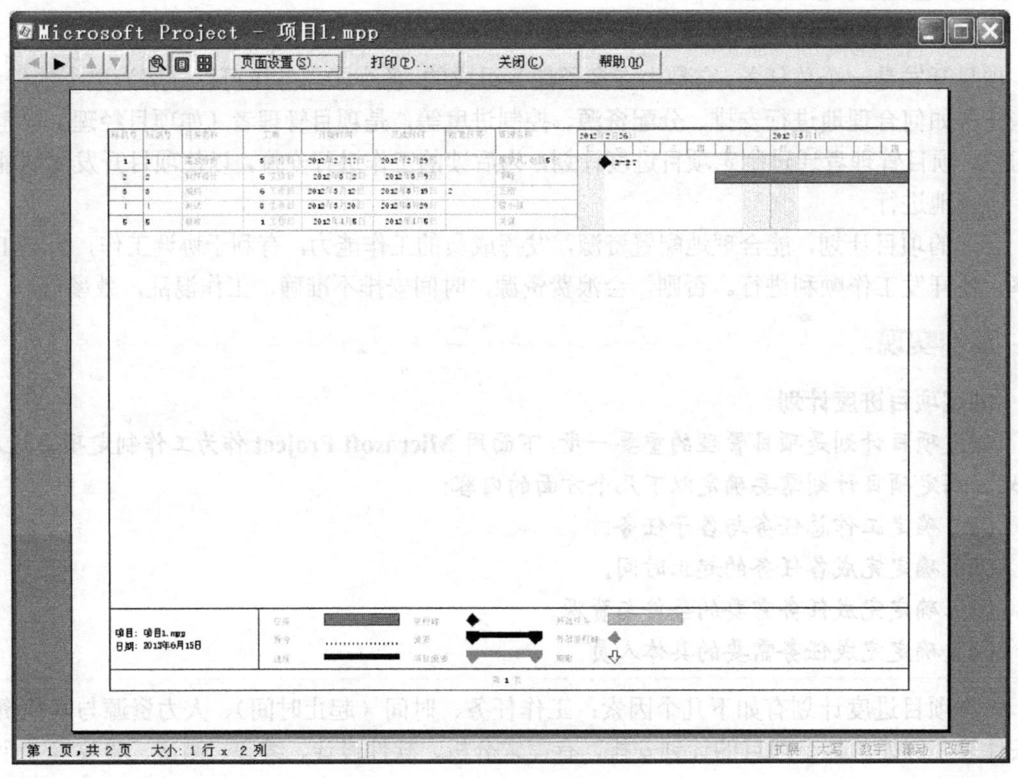

图 1.8 项目计划表的打印（多页）

项目的任务有串行进行的，有并行进行的，还可能有子任务，各子任务之间可能有衔接关系。管理者在安排计划前要对任务的规模和自己能调配的人力、物力、财力及解决的方案等心中有数，才能制定好的计划。

2. 人员的组织

软件开发项目中主要是人的开发，人是第一资源。保证软件开发进度与质量的关键是人。有效管理的关键是对人员的管理。日常工作时安排、监督、跟踪、考核评价员工的工作，平时培训员工、激励员工，提高他们的能力与素质等，都是对人员及其工作的管理。

在安排人员过程中，要根据工作任务的性质、人员的岗位能力，合理地配置。软件项目的人员有：管理者、分析员、设计者、程序员、测试员、客户等。项目人员的组织结构与工作安排会根据项目开发管理模式的不同而不同。

一般的软件项目开发模式有：主程序员式、民主分权式、层次式等。项目管理者要根据自己项目成员的特点，选择好适当的开发模式，安排好成员的职责与工作。

（1）人员的组织。

新项目组创建后，需要安排任务给相应人员，如果人员不够则要进行新成员的招聘。软件项目的组成人员一般有：管理者、分析员、设计员、程序员、测试员等，有时一个人可兼多职。一个项目组一般会有一位经验丰富、善于管理的管理者——项目经理，以及承担各个职责的项目成员角色。

（2）项目人员的任务分工。

当项目小组成立后，就可以进行任务分工，正式进行开发。任务分工要根据各个成员的能力安排任务，并落实到项目进度计划中。项目进度计划是项目管理的重要管理文档，通过该文档，可以监督与跟踪日常项目的进展情况。

（3）制定项目计划并执行。

将项目任务分工通过制定项目计划落实下来，然后各个成员就可以根据这些计划进行工作，按计划中的要求执行相应的任务。管理者则通过该计划进行项目监督与控制。

3. 项目过程管理

项目进度计划已经制定了，各成员的任务也分工了，他们现在已经在按照计划执行各自的任务，但是否意味着管理者的任务就完成，只等最后的结果了呢？项目成员的各项工作是否在按计划顺利进行，是否出现问题，是否需要调整等，都需要管理者在过程中进行跟踪、协调、控制。同时，管理者也需要对员工进行考核与激励，以利于团队更紧密和谐地工作，不断改进工作过程。

项目过程是对软件开发项目进行执行的过程。该过程首先是对项目计划的执行，然后进行任务执行情况记录、工作协调、任务检查与跟踪、调整计划、阶段任务的完成及新任务安排与衔接、工作的评价与考核等，直到整个工作完成。项目过程管理的主要工作内容包括：

（1）工作监督、检查、跟踪。

（2）计划调整与工作协调。

（3）员工考核与激励。

（4）软件质量管理等。

软件过程管理也需要文档支持，成为管理文档，如工作计划、过程日志及工作报告等。

1.3.2　软件质量管理

软件开发知识：软件质量

什么是软件质量？按照GB/T16260—1996“信息技术软件产品评价、质量特性及其使用指南”标准，软件质量是与软件产品满足明确或隐含需求的能力有关的特征和特性的总和。简而言之，软件质量是软件一些特性的组合，它仅依赖于软件本身。

质量是软件的固有属性，是软件的生命，如图1.9所示。软件的质量包括：正确性、健壮性、效率、完整性、可用性、可维护性、可移植性等，它们均难以用定量方式度量。就像其他产品可以通过质量管理来保证质量一样，软件质量也是通过软件质量管理来保证的，如图1.10所示。

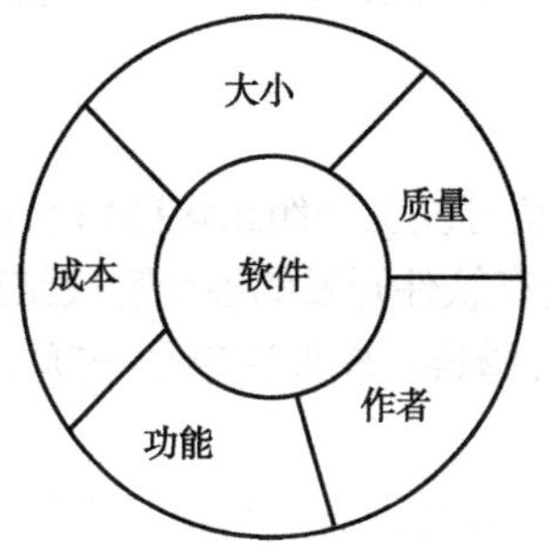

图1.9　质量是软件的固有属性

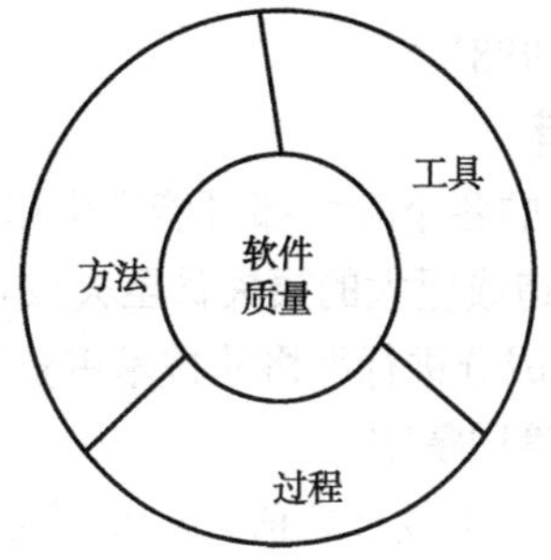

图1.10　软件质量管理

软件开发知识：软件过程与软件的质量

软件是软件开发出来的成果，但软件的质量与软件开发过程的规范化有直接关系，即规范化的软件开发过程能得到较好质量的软件；否则，开发过程混乱的软件质量难以得到保证。

软件质量与软件开发的什么因素有关系？人们通过长期实践发现，高质量的生产过程能生产高质量的产品，它们之间有一定的关联关系。所以，软件质量管理内容包括事后的产品质量检测，以及软件生产全过程的规范化管理。

软件质量管理需要通过建立质量保证体系予以保证。质量保证（QA）就是建立起机构质量规程和标准的整体框架，这是生产高质量软件的保证。QA 过程包括对软件开发过程标准和软件产品标准的制定。质量管理包括 3 大方面的内容：质量保证、质量规划、质量控制。

（1）软件生产过程中：制定过程标准，贯彻标准，执行标准，过程控制，审查、复查。包括建立基本的质量标准体系，并贯彻执行；日常生产过程中按照过程标准执行，并进行监督检查与控制。

（2）软件成品：软件测试，软件评审。其中需要对产品标准进行定义，并通过测试与评审来确定是否达到质量要求。

软件开发知识：确定软件开发质量管理内容

软件项目质量管理的内容：

（1）成立软件质量管理小组，制定项目开发质量标准或项目小组内的开发标准。

（2）制作软件开发文档编写标准，并根据该标准制定软件开发文档模板与要求。

（3）项目开发过程的评审、复审和软件测试，并进行质量汇报。

（4）监督跟踪开发部门发现的质量问题及其解决情况。

（5）对影响软件质量的开发过程标准提出修改与完善意见。

1. 制定并执行保证软件质量的规范

软件企业有自己的软件开发质量规范，具体的软件开发项目也有项目的质量规范，如设计标准、编码规范、测试计划、文档编写规范等。项目质量管理者在软件开发前先制定项目应遵循的保证软件质量的规范，然后在软件开发过程中进行贯彻执行。在实际的软件开发过程中，质量经理负责审查标准的实施情况，及时发现质量问题，督促小组其他成员严格按照标准来操作，并进行指导与调整完善。

2. 制作规范的软件开发文档

软件开发文档是对整个软件开发过程的记录和说明。如同程序代码，软件文档也是软件中不可缺少的重要组成部分。软件开发文档对今后软件使用过程中的维护、软件版本的升级等都有着非常重要的意义。软件是否有完整与规范的软件开发文档已经被看作一个衡量软件过程质量的重要标准。软件开发文档编写格式可参考本书附录 A“计算机软件开发文件编制指南 GB/T8567—1988”。

3. 软件评审

在软件开发的各个阶段都可能产生错误，如果不及时发现并纠正这些错误，会不断地扩大影响，最后可能造成巨大的损失甚至失败。软件评审是在软件开发的各个阶段结束前，对该阶段产出的软件配置成分进行严格的技术审查，以及时发现错误。软件评审是一项非常重要的工作。

4. 复查和管理复审

软件开发每个阶段开始前，对前期工作进行复查，看是否满足当前工作所必需的材料。管理复审是从管理的角度对开发工作进行复审，可根据情况对计划做进一步的调整，并对可能出现的突发事件和风险做好安排与准备。

5. 软件测试

软件测试是软件开发的一个重要的环节，同时也是软件质量保证的一个重要环节。软件的测试一般有单元测试、集成测试、系统测试等。如果测试的结果与预期结果不一致，则很可能是发现了软件中的错误。

在全面质量管理阶段，质量管理和质量保证是同一概念。20 世纪 90 年代以来，全面质量认证逐渐在企业流行。质量保证也扩展到整个企业的质量认证。现在软件质量管理的内容也包括质量保证和质量认证。

目前，比较流行的软件开发过程质量保证体系有 ISO9000 标准、CMM（软件开发能力成熟模型）标准等。

1.3.3 软件过程质量保证体系

软件开发知识：软件过程质量保证体系

所谓的质量保证体系是指企业以提高和保证产品质量为目标，运用系统方法，依靠必要的组织结构，把组织内各部门、各环节的质量管理活动严密组织起来，将在产品研制、设计制造、销售服务和情报反馈的整个过程中影响产品质量的一切因素统统控制起来，形成的一个有明确任务、职责、权限，相互协调、相互促进的质量管理的有机整体。质量保证体系分为内部质量保证体系和外部质量保证体系。

可以通过第三方认证确定企业的生产过程是否已达到了某种质量标准。软件的质量管理标准可以采用 ISO9000 相关的要求，也可以采用 CMM 进行评价。

质量保证体系是指企业为了提高和保证产品质量，制订与执行的一套企业内各部门、各环节相关的质量管理体系；它使企业的质量管理形成各职责明确、工作相互协调的有机体系。但确定是否满足某种质量管理要求，需要通过专业机构认证。质量体系的认证是指对产品与服务的供方的质量体系进行第三方的评定或注册活动。其目的在于，通过评定和事后监督来证明供方的质量体系符合并满足需方对该体系规定的要求。

软件质量保证体系的标准根据建立机构与适用范围不同而不同，比较流行的有国际标准化组织 ISO 推出的 ISO9000 标准化体系，以及美国国防部委托卡内基·梅隆大学软件工程研究所（SEI）推出的评估软件能力与成熟度等级的一套标准 CMM。

1. ISO9000 体系

ISO 是国际标准组织（International Organization for Standardization）的简称，它的前身是国际标准化协会，即国际联合会。ISO 的宗旨是在世界范围内促进标准化的工作及其有关活动的开展，以有利于国际间的物资交流和相互服务与合作。ISO 的工作领域涉及除电工、电子以外的所有学科。

ISO9000 是国际标准化组织于 1987 年公布的世界上第一套质量管理和质量保证标准，其主要用途是为企业建立质量体系，并提供质量保证的模式。ISO9000 标准系列是一个大的家族。ISO9000 以一般术语描述了能够适用于任何行业的质量保证系统的要素，这些要素包括用于实现质量计划、质量控制、质量保证和质量改进所需的组织结构、程序、过程和资源。软件企业贯彻实施 ISO9000 认证应选择 ISO9001 标准。ISO9001 规定了设计、开发、生产、安装和服务中的质量保证模式。

软件企业要获取ISO9000认证一般需要经过以下流程：

（1）企业申请。

（2）认证机构审核受理。

（3）文件材料审查。

（4）审核准备。

（5）现场审核。

（6）跟踪、验证，纠正不合格项。

（7）审核合格后颁发证书。

（8）证后监督。

在我国，ISO9000工作开展得较早，1988年开始推行ISO9000，且国内有认证机构。ISO9000是基础性的质量保证体系，在我国通过ISO9000认证的企业相对于CMM要多。

2. 软件配置管理

软件配置管理首先要了解什么是软件配置项。软件配置项（Software Configuration Items，SCI）是软件配置管理的对象，它包括软件生存周期内产生的所有信息项。软件配置项一般包括：

（1）与合同、源代码、过程、计划和产品有关的文档及数据。

（2）目标代码和可执行代码。

（3）相关产品，如软件工具、库内可复用件、外购软件等。

软件配置就是软件配置项在不同时期按不同要求进行的组合。例如：Java JDK有JDK 5.0、JDK 6.0等不同版本。实际工作中，一般用“版本”来表示配置项的演化阶段。

随着软件开发过程的进展，软件的配置项也在迅速增长，并且发生不断的变化。这些变化的原因主要表现在：新的商业或市场环境的变化，引起产品需求或业务规则变化；用户有新的要求以及企业结构发生变化等。

软件配置管理就是对计算机软件在整个生命周期内各个阶段管理变化的活动。软件配置管理也是一个管理学科，它对配置项的开发和支持生存周期给予技术上和管理上的指导。实施软件配置管理主要有以下任务：

（1）制订配置管理计划。

（2）确定配置标识。

（3）进行配置控制，实施变更管理。

（4）配置审计。

（5）记录并报告配置状态。

（6）版本控制。

（7）发行管理和交付。

3. 能力成熟度模型

能力成熟度模型（Capability Maturity Model for Software，CMM），是对于软件组织在定义、实施、度量、控制和改善其软件过程的各个发展阶段的描述。CMM是一种用于评价软件承包能力并帮助其改善软件质量的方法，侧重于软件开发过程的管理及工程能力的提高与评估。

所谓的软件过程能力，是描述开发组织或项目组通过执行其软件过程能实现预期结果的程度。而软件过程成熟度，是指一个特定软件过程被明确和有效地定义、管理、测量和控制的程度。成熟度可以指明开发组织软件过程能力的增长潜力。CMM1.1将软件过程的进化步骤分成以下5个等级。

（1）初始级（混沌的软件过程）。

（2）可重复级（经过训练的软件过程）。

（3）已定义级（标准一致的软件过程）。

（4）定量管理级（可预测的软件过程）。

（5）优化级（能持续改善的软件过程）。

其实，CMM 还为软件企业的过程能力提供了一个阶梯式的改进框架，CMM 这 5 个等级的特征是：

（1）一级（初始级 CMM1）。这时软件生产过程的特征是随机的，有时甚至是混乱的。很少过程被定义，一般达不到进度和成本的目标，软件产品的质量具有不可预见性。成功依赖于个人的技术与努力。

（2）二级（可重复级 CMM2）。建立基本的项目管理过程，以跟踪费用、进度和功能。设定必要的过程纪律以重复以往相同应用项目的成功。以前的开发经验成为开发新产品能否成功的关键因素。

（3）三级（已定义级 CMM3）。形成了管理软件开发和维护活动的组织标准软件过程，包括软件工程过程和软件管理过程。项目依据标准，定义了自己的软件过程，并且能进行管理和控制。组织的软件过程能力已描述为标准的和一致的，过程是稳定和可重复的，并且高度可视。

（4）四级（定量管理级 CMM4）。详细的软件过程和产品质量的特征已被收集。软件过程和产品已被定量管理和控制，软件产品具有可预测的高质量。

（5）五级（优化级 CMM5）。能自觉利用各种经验和来自新技术、新思想的先导实验的定量反馈信息，不断改进和优化组织统一的标准软件过程。整个软件机构的重心转移到优化软件过程中。

软件过程能力成熟度模型有两个基本用途：软件过程评估和软件能力评价。软件过程评估用于确定一个组织当前软件过程的状态，找出组织所面临的急需解决的与软件过程有关的问题，进而有步骤地实施软件过程改进，使组织的软件过程能力不断提高。软件能力评价可以识别合格的能完成软件工作的承制方，或者监控承制方现有软件开发工作中软件过程的状态，进而指出承制方应改进之处。

从当今整个软件行业现状来看，最多的成熟度为一级，多数成熟度为二级，少数成熟度为三级，极少数成熟度为四级，成熟度为五级的更是凤毛麟角。

CMM 是目前国际上最流行、最实用的一种软件生产过程标准，已经得到了众多国家以及国际软件产业界的认可，成为当今企业从事规模软件生产不可缺少的一项内容。

CMM 为软件企业的过程能力提供了一个阶梯式的进化框架，阶梯共有 5 级。第一级实际上是一个起点，任何准备按 CMM 体系进化的企业都自然处于这个起点上，并通过这个起点向第二级迈进。除第一级外，每一级都设定了一组目标，如果达到了这组目标，则表明达到了这个成熟级别，可以向下一个级别迈进。CMM 体系不主张跨越级别的进化，因为从第二级起，每一个低的级别实现均是高的级别实现的基础。

CMM 是专门针对软件产品开发和服务的，而 ISO9000 涉及的范围则相当宽。CMM 强调软件开发过程的成熟度，即过程的不断改进和提高，而 ISO9000 则强调可接收的质量体系的最低标准。

小　结

本章从阐述程序、软件、系统 3 个不同层次的概念，进而导出程序设计、软件开发、系统应用支持 3 个不同类型的活动，使读者了解软件开发的任务是什么，正确地对待“软件”开发与管理过程的理论、方法、技术。

针对软件、软件开发的特点，阐述了软件开发模型、软件开发方法学、软件开发管理领域的知识体系。软件开发一般经历需求分析、软件设计、编码实现、软件测试、软件维护等任务过程，但因这些任务的完成过程不同而形成了不同的软件开发过程模型；完成这些任务可采用不同的方法与工具，如传统的方法、面向对象方法；对每个过程的任务的规范要求与管理形成了软件项目管理体系。

软件项目管理包括：任务、时间、成本、资源等。如何将这些因素分配与控制好便是项目管理的内容，而制定项目进度计划是项目管理的具体落实与体现。

软件的质量是软件的生命，一个质量有问题的软件难以被用户认可。本章后半部分介绍了软件质量、软件质量管理等概念，以及常见的软件开发质量保证体系 ISO9000 和 CMM（软件开发能力成熟度模型）。另外，本章多次强调软件文档的重要性，以及在软件开发与管理过程中的作用。

习　题

一、填空题

1．软件由________、________、________3 部分组成。

2．软件作为人工生产的________产品，主要由人进行“开发”而来，与硬件比较起来没有明显的制造过程。

3．软件开发过程复杂，但一般包括________、________、________、________等主要阶段。

4．软件的________是软件的生命。

5．在软件团队开发中，由于人数的增加、成员间的交互与合作，所以除技术问题外，还存在________问题。

6．软件开发方法学包括________和________两种开发方法。

7．软件项目进度计划主要包括________、________、________和________。

二、思考与简答题

1．举例说明程序、软件、系统的区别和联系。

2．软件有什么特点？软件开发有什么特点？

3．简述程序、软件、系统的设计与应用的不同。

4．软件开发过程主要有哪几个典型任务活动？请简述它们各自的内容。

5．软件开发过程模型是什么含义？一般有哪几种开发过程模型？

6．软件开发方法有哪两类？它们各自的优缺点是什么？

7．请简述管理在软件开发中的重要作用。软件项目管理有哪些内容？

8．软件质量是如何管理的？

试一试：制定项目进度计划

实训：制定某项目进度计划

（一）实训内容与实验环境

用 Microsoft Project 项目管理工具制作一个简单的项目进度计划。该计划包括：任务、时间、人员的安排，并通过不同的视图打印或显示出来。

实验环境：

● Microsoft Word。

● Microsoft Project。

（二）实训目的与要求

（1）理解项目计划，会制定项目进度计划（包括总任务、子任务、前置任务与后续任务、资源、起止时间等的配置）。

（2）会操作 Microsoft Project 2003 工具制定项目计划，并进行报表输出。

（三）实训方案与步骤

1．实训方案

一个项目的开发有一个过程与步骤，包括分析任务、设计任务、编码实现、测试、编写操作手册等任务。要求制定一个项目计划，适当地安排任务、工期、前置任务和后续任务、子任务、资源（主要是各类人力资源或设备等）等，并进行报表输出。

2．实训步骤

（1）先手工制定一个项目开发计划，然后用 Microsoft Project 制作该项目计划并生成打印报表。

（2）过程与步骤：先创建一个“项目”文件，再在“项目”菜单选择“项目信息”输入项目的开始日期及完成日期等输入项；然后再输入任务、日期、资源等；最后以浏览的形式将计划显示出来（可以尝试不同的输出形式）。

（3）用 Microsoft Project 以不同的形式输出该项目。

（4）设置计划的每个任务的前置任务和后续任务、子任务、资源、起止时间、报表打印格式等，并将此项目文件进行保存与打印。

第2章

进行需求分析了解用户需求

学习目标

[知识目标]

■ 理解软件的用户需求、需求分析概念。
■ 了解软件需求分析的过程。
■ 理解传统的软件结构化分析方法。
■ 理解需求分析的表达与需求分析模型。
■ 了解 E-R 图各元素的含义，理解静态数据模型的建立过程。
■ 了解数据流图各元素的含义，了解传统方法功能模型的建立。
■ 了解软件需求规格说明书的编写。

[能力目标]

■ 能进行业务的文字需求陈述。
■ 会画 E-R 图进行数据分析，能用传统的分析方法建立系统的数据模型。
■ 会画数据流图进行功能分析，能建立系统的功能模型。
■ 会进行软件需求表达及说明书的编写。

2.1　软件需求概述

软件的“需求”是用户对该软件在功能、性能等方面的期望与要求，或者说是软件必须符合的条件和具备的功能。

需求分析师通过对用户的应用问题及其环境的理解与分析，将从问题涉及的数据、功能及系统的行为等方面出发建立模型，并将用户的这些需求精确、全面地表达出来，最终以用户需求规格说明书的形式确定下来。这一系列的活动就是软件开发过程中的需求分析。

需求分析以问题的定义、项目规划、要求与限制等作为出发点，并从软件角度对它们进行调整和实现。另外，需求规格说明又是软件设计、编码实现、测试甚至维护的主要依据。良好的分析活动是后续过程的好开端，它对今后提高生产率、降低开发成本、提高软件质量具有重要的意义。

2.1.1 需求分析任务

需求分析的任务是需求分析师通过与用户的交流、调查、分析，得到用户对系统完整、准确、清晰、具体的要求，即系统应具备哪些功能，它应为用户做些什么工作，确定系统“必须做些什么”，最后通过软件需求说明书表达出来。

软件开发知识：软件的需求、需求分析模型

软件的“需求”包括：用户对软件的功能需求、非功能需求（如性能、安全、效率等）和其他需求。

软件需求分析模型是通过表格、图形等不同的形式对用户需求进行抽象与描述，如对软件的数据建模、功能建模、动态行为建模。

软件需求主要分为：软件的功能需求、非功能需求和其他需求。

（1）功能需求描述系统所预期提供的功能和服务。功能一般由输入、处理、输出等内容描述。

（2）非功能需求是那些不直接与系统具体工作（功能）相关的需求，如系统的外观、性能、效率、规模、可靠性、安全性、易用性、可移植性等。

（3）其他需求，如某领域特殊需求等。

需求分析的任务主要有两个方面：

（1）通过对问题及环境的理解、分析和综合，建立分析模型。

（2）在完全弄清用户对软件系统的确切要求的基础上，用“软件需求规格说明书”把用户的需求表达出来，并进行审核。

只有完整地掌握了用户的需求，才能着手设计与开发软件。需求类型复杂且多，所以软件的获取比较困难，主要有以下几个方面的原因：

（1）用户说不清需求。

（2）用户的需求经常变动。

（3）需求分析员或用户理解需求有误。

所以在软件开发过程中，不但要了解用户的需求，而且要管理这些易变的需求。由于对软件需求的不重视导致开发失败的例子非常多，软件的需求管理要贯穿于软件开发的始终。

2.1.2 需求分析过程

软件需求分析过程是从当前系统出发，建立当前模型，再获取用户对未来要开发的系统的需求，建立目标系统的模型，供今后实现。软件需求分析的基本过程包括需求的获取、需求的分析、编写需求规格说明书以及需求的验证。

1. 需求的获取

需求获取的方法是调查研究。开发人员或分析师通过与用户进行沟通和交流，收集和理解用户的各项要求。获取需求的方法包括以下几种：

（1）系统调查。

为了获取用户需求，开发方与用户应进行现场接触与交流。软件开发方成立调查组对系统进行调查是最基本的方式。系统调查可以是正规方式，也可以是非正规方式。可以系统地了解整个需求，也可以就某个需求点进行了解。一般系统调查有下列几种方法：

① 用户面谈。

② 调查讨论会。

③ 问卷调查。

④ 现场观察。

（2）通过快速原型获取和验证需求。

软件快速原型方法也是获取软件需求的一个常用的方法。快速原型是软件的部分实现，它可以帮助开发人员、客户更好地理解系统的需求，从而解决在软件开发初期阶段需求不确定的问题。利用快速原型也能验证用户需求，从而避免一些早期项目风险。

2. 需求的分析

需求分析是提炼与分析已经收到的需求，并通过文字、图形、表格等精确地表达出来。需求分析的目的在于开发出高质量和具体的需求，这样不但可以做出项目的规模估算，而且可以为后续设计、实现和测试打好基础。需求分析过程如图 2.1 所示。需求分析导出的需求主要包括以下方面：

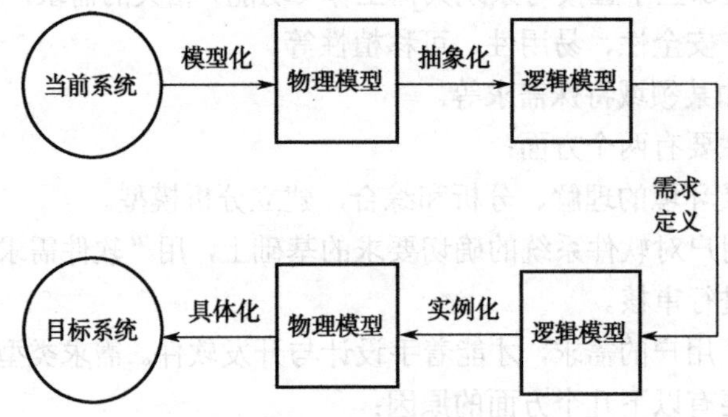

图 2.1　需求分析过程

（1）定义系统边界。

（2）分析需求的可行性。

（3）确定需求的优先级。

（4）建立需求模型。

（5）编写数据字典。

3. 编写需求规格说明书

编写需求规格说明书是需求分析过程的最后一步，通过它将完整、精确的需求分析结果清晰地描述出来。需求规格说明书是审查需求分析阶段工作完成情况的依据，是今后设计工作展开的基础，也是用户和开发人员对软件系统共同理解与交流的表达形式，是需求分析阶段最重要的技术文档。

需求规格说明书主要包括以下几个方面的内容：

（1）引言，包括项目的开发背景、应用范围、定义以及参考文献等。

（2）项目概述，主要包括功能概述和约束条件等。功能概述是简述系统的各功能及其关系。

约束条件说明对系统设计产生影响的各种限制条件。

（3）具体需求，描述系统各个具体的需求，如功能需求、性能需求、接口需求及运行需求等。其中功能需求是主要部分，它描述各个功能的输入、处理、输出等信息。

注意： 需求可以用自然语言表达，也可以通过图形、形式化语言表达。需求规格说明书只描述“做什么”，不必描述“怎么做”；各个需求的描述要有一致性与可跟踪性，即后续阐述的概念可在前面找到源头，且同一概念在不同地方的描述与命名要一致，否则应在引言中进行定义与说明。

4. 需求的验证

由于需求分析的结果对后续工作具有重要意义，因此需要以需求规格说明书为基础，对需求进行严格的验证。需求一般从一致性、完整性、正确性、可验证性、可修改性、可跟踪性等方面进行验证。

2.1.3　需求管理

需求是软件设计与实现的基础，但它具有易变性，即在整个软件开发过程中，用户需求可能会增加，也可能会变更，需要进行需求的管理，开发才不会混乱。需求管理可以认为是建立和维护客户和项目开发团队间的系统需求的变更，使其保持一致性的活动。需求管理包括变更控制、版本控制、需求跟踪等。

1. 变更控制

需求的变更对许多项目来说是不可避免的，如果不加以控制，将导致项目开发陷入混乱。通过变更控制来管理需求文档，并采取某种规范方式进行统一变更控制与发布，使新老需求可被跟踪并保持阶段性的一致。

2. 版本控制

版本控制是需求管理的必要部分。需求文档的每一个版本都必须被统一确定。团队各个成员必须能得到需求的当前版本。当需求变更时，必须通过变更文档确定下来，进行统一版本控制，并及时发布给组内其他成员。所以，一个正式的需求文档还应该包括一个需求修正的历史记录，即已做变更的内容，包括变更日期、内容、原因等。

3. 需求跟踪

需求跟踪帮助人们全面分析变更带来的影响，以便用户做出正确的决策。需求跟踪包括需求文档中的建立需求、需求元素之间的联系与变更的联系链，使其具有可跟踪性。当需求发生变化时，使用需求跟踪可以确保不忽略每个受到影响的系统元素。

下面就以软件项目开发为例，介绍软件开发过程中的主要活动及相关知识、方法、工具与操作。

软件开发主要内容是需求分析和软件设计。需求分析过程的主要任务与活动有：问题定义，数据模型的建立，功能模型、动态模型的建立；而软件设计过程活动有数据库设计、软件结构设计、模块设计。本书以一个物流管理系统的实现过程，介绍软件项目开发的分析与设计知识。

引导案例

对物流管理系统进行需求分析

物流业目前非常普及，大家基本都有一定的感性认识。本章以物流管理系统项目为载体，对需求分析的各个任务进行介绍，并讲授传统的需求分析模型。

2.1.4 软件需求分析从问题定义开始

问题定义指软件在开发前确定项目任务及范围，是软件开发的一个重要步骤。问题定义是通过自然语言对用户业务进行描述或对需求进行陈述。下面就以对物流管理系统的需求陈述为案例介绍如何进行问题定义。

目前物流业发展得非常快，普及的范围广。许多学生都有网上购物的经验，其实网上购物是需要物流业支撑的，而物流业离不开计算机软件应用系统。下面就以物流业务为蓝本进行需求分析，以掌握需求陈述、需求分析建模、需求说明的能力。

表 2.1 是一个物流公司的某个货物在物流快递过程中的记录。该记录可以从物流公司的快递跟踪查询系统中得到。下面通过该流程表分析物流管理的业务，并用文字进行业务描述与问题定义。

表 2.1　某物流公司快递流程

快件单号	操作时间	快件流程
2831201848	2013-01-24 19:56:40	广东省珠海市金湾区公司收件员 严某某 已打包、收件
2831201848	2013-01-24 23:50:28	中山分拨中心公司 已收入
2831201848	2013-01-24 23:50:42	中山分拨中心公司 已发出
2831201848	2013-01-25 02:23:14	广州分拨中心公司 已收入
2831201848	2013-01-25 02:50:11	广州分拨中心公司 已拆包
2831201848	2013-01-25 03:45:58	广州分拨中心公司 已发出
2831201848	2013-01-25 08:16:18	广东省广州市海珠区中山大学公司 已收入
2831201848	2013-01-25 09:23:22	广东省广州市海珠区中山大学公司派件员 吴某某 派件中
2831201848	2013-01-25 14:49:21	客户 黄某某 已签收

1. 物流管理系统需求陈述

通过需求陈述进行问题的定义。例如表 2.1 中对该物流公司计算机系统的需求陈述有如下案例实现：

案例实现

通过需求陈述进行物流管理系统的问题定义

通过调查分析，物流管理系统需求陈述如下：

物流公司需要建立自己的计算机网络系统，用以处理物流业务。物流业务处理主要包括：收货点接收用户的货物，称重、打包、填单、收费，并将信息输入计算机中，要求将送货单号扫描进入数据库。送货员到各个网点接送货物，将货物集中送到物流仓库。物流仓库每天将集中的货物根据送达目的地不同而分拣成不同区域，由送货员分别送到不同的地方或收货人手中。各个阶段均通过扫描进入数据库，客户可以根据送货单号查询到货物状态。财务部相关人员根据送货员送的送货单及数量处理收费及与各相关人的费用结算。

2. 需求陈述中的元素

上述需求陈述只是通过自然语言对用户业务与需求进行非形式化的描述，因而表达得不是很精确，通过它还不能开发软件。需要分析师对上述需求进行分析，将各种需求完整、准确地表达出来，用于后续的软件设计与编码。

但如何着手进行分析呢？从上述需求陈述中可以发现，物流管理系统业务描述中主要有如下几个关键部分：

（1）组织机构或部门：如收货点或某子公司、分拣仓库（分拨中心）、财务部等。

（2）人员角色：如发货人、接货人、收货员、送货员、分拣员、财务人员等。

（3）业务功能：如收货、分拣、送货、结算等。

（4）业务操作处理描述：分别对收货、分拣、送货、结算等功能的业务处理过程的描述。

（5）实体概念：如货物、送货单、费用结算表等。

小提示：本书后面介绍的需求分析与建模（包括面向对象的分析）需要从上述这几个方面入手进行分析，不同的角度获得不同的分析模型。读者要理解上述这几个方面的特征与含义，以便今后的分析与建模。

2.2　需求分析方法与分析模型

2.2.1　需求分析与建模方法

下面从需求陈述出发进行需求分析与建模。首先，从上述物流管理系统需求陈述中可以看出，需求陈述中有名词与动词，分别表示静态与动态内容。如货物、送货单、费用及各类人员、机构等都是名词，表示系统的静态部分；收货、接货、分拣、结算是动词，表示系统的动态部分；而各功能的操作处理描述与逻辑处理则是系统动态行为描述。

需求分析主要从静态、功能、动态行为3个方面进行分析、建立模型，而这些建立的模型则称为需求分析模型。需求分析模型主要包括静态模型、动态模型和功能模型，如图2.2所示。

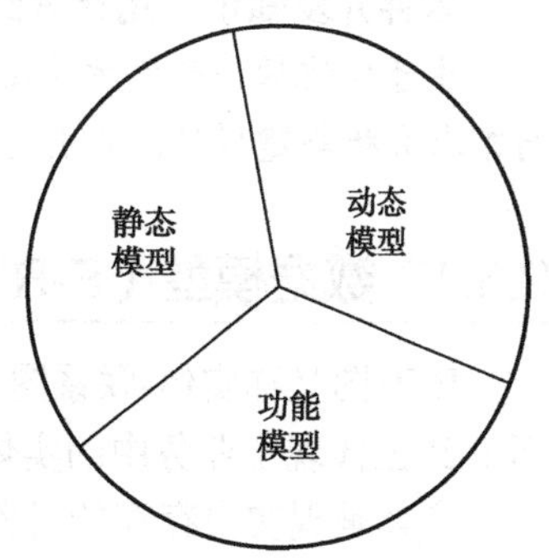

图2.2　需求分析模型的组成

（1）静态模型是指决定模型特性的因素不随时间推移而变化的模型。如货物在系统的整个过程中，其特征（如类型、重量、大小、价格等）不会随着时间的变化而变化。所以货物作为实体或对象，由其特征或属性表示的数据模型就是静态模型。

（2）动态模型是指状态随时间的推移而变化的模型。如货物在送货时的不同状态，会随着时间变化而处于不同的地点、不同的被送状态等。其所有状态的动态关系构成动态模型。

（3）功能模型描述系统功能处理过程与关系。如发货、送货、分拣等功能进行数据处理及处理过程关系的模型。

用什么图来表示这些模型呢？目前流行的主要有两种方法体系（方法论），一种是传统的结构化分析方法，另一种是面向对象分析方法。这两种方法均提供了标准的工具集与图形，分别用以建立结构化分析模型与面向对象分析模型。

2.2.2　需求分析模型

建立需求分析模型有如下两种方法：

（1）结构化分析模型。传统的需求分析模型（结构化分析模型）包括数据模型、功能模型、（动态）行为模型。数据模型用 E-R 图表示，行为模型用状态图表示，功能模型用数据流图表示（见图 2.3）。

（2）面向对象分析模型。面向对象的需求分析模型包括用例模型、对象模型、行为模型，分别用用例图、类图与状态图表示（见图 2.4）。

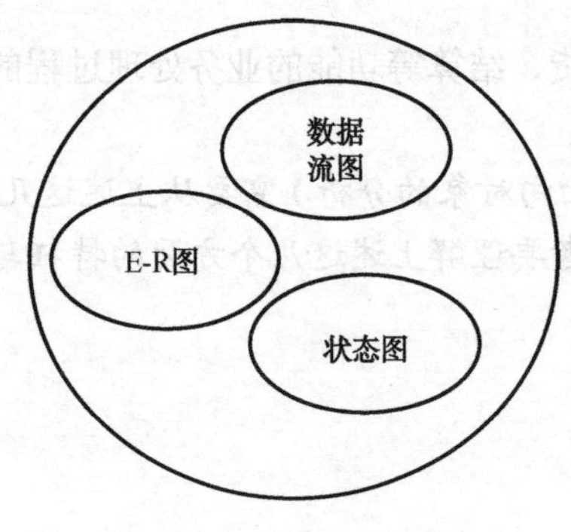

图 2.3　结构化分析模型

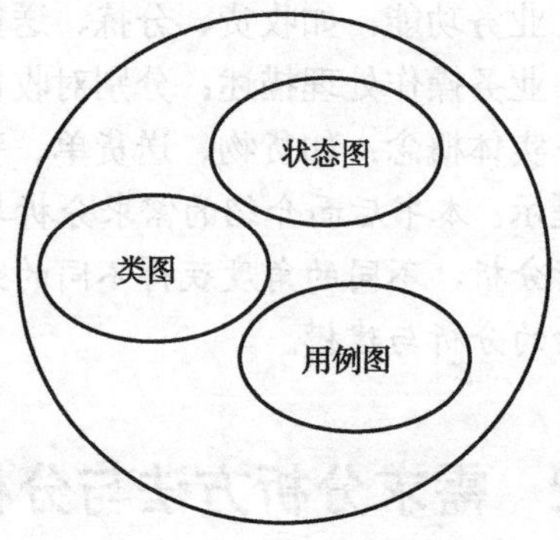

图 2.4　面向对象分析模型

2.3　用传统方法建立系统数据模型

下面以物流管理系统为例，介绍用传统的结构化分析方法建立其数据模型过程，即建立物流管理系统的 E-R 图（实体-联系图）。

软件开发知识：用传统结构化方法进行需求分析和建模

由于传统软件开发方法比较直观、容易上手，所以它有着强大的生命力。而用传统的方法进行需求分析与建模时，分别用 E-R 图、数据流图、状态图表示数据模型、功能模型和动态模型。

2.3.1　数据模型（E-R 图）的建立

E-R 图又称实体-联系图，属于静态分析模型，它涉及 3 个概念，即实体、属性、联系。而 E-R 图体现了业务中的实体、实体之间的联系以及实体的属性等。

实体是现实中存在的对象，有具体的，也有抽象的；有物理的，也有概念的。例如，学生、课程等都是实体。联系是实体之间的不同关系。例如，“学生”与“课程”之间有“选课”的关系。属性是实体具有的某种特征，例如实体“学生”，具有学号、姓名、性别、出生日期和系别等特征，这些就是它的属性。联系也可以有属性，例如学生选修某门课程的成绩，它依赖于某个特定的学生，又依赖于某门特定的课程，所以它是学生与课程之间的联系“选课”的属性。

小提示：正是由于有抽象的实体，如某些概念，所以寻找实体有时比较困难。我们一般可以从系统的业务描述中的进行名词筛选，获取系统的实体。但要真正分析出系统的实体，还要根据名词的含义及一定的经验。

例如，从物流管理系统的需求陈述中的名词、概念中提炼出系统的实体，如货物、送货员、送货单、费用等，再确定这些实体的联系与属性，从而建立系统的 E-R 图。这些由实体及它们之间的联系构成的 E-R 图就是系统的静态分析模型，如图 2.5 所示。

案例实现

建立物流管理系统数据模型

建立物流管理系统的数据模型，即建立系统的 E-R 图。在建立时，先确定系统的实体，然后确定各个实体之间的关系。实体之间的关系包括两两间一对一、一对多、多对多关系；3 个实体间的多对多联系等。然后通过合并这些局部 E-R 图，并进行优化，形成了系统的全局 E-R 图，即构成了系统的整体数据模型。物流管理系统的数据模型如图 2.5、图 2.6 所示。（注意：各个机构如收货网点、仓库、财务部等都是实体，但为了简单起见，本案例中先不考虑它们。）

数据模型是需求分析中数据分析的结果，是今后系统数据库设计的基础。

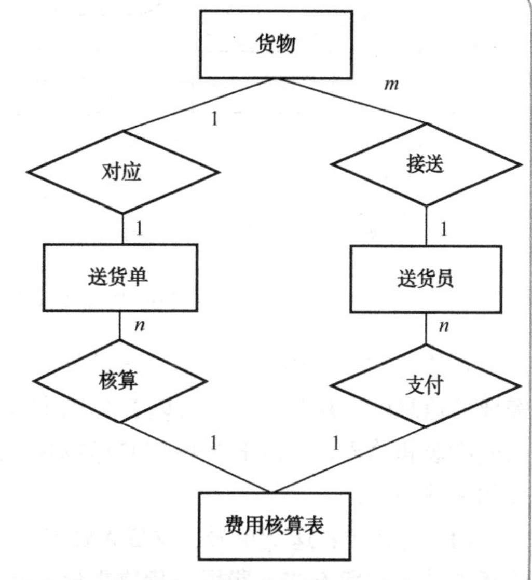

图 2.5　物流管理系统数据模型（总体 E-R 图）

虽然上述需求陈述中有许多名词，如送货单号，它是某个实体的属性而不是实体，而有些名词，如数据库、信息，这些概念也不是实体候选者，在进行分析时应排除掉。最终确定物流管理系统的总体 E-R 图中的实体有：货物、送货单、送货员、费用核算表 4 个。

这些实体之间的联系分别如下：

（1）货物与送货单之间对应的一对一联系。

（2）送货员与货物之间对应的一对多联系。

（3）费用核算表与送货单之间对应的一对多联系。

（4）费用核算表与送货员之间对应的一对多联系。

另外，每个实体都有自己的属性，对这些属性的分析构成了该业务系统的数据分析。为了减小 E-R 图的篇幅，往往将实体的属性另外画出。图 2.6 表示物流管理系统中每个实体的属性。

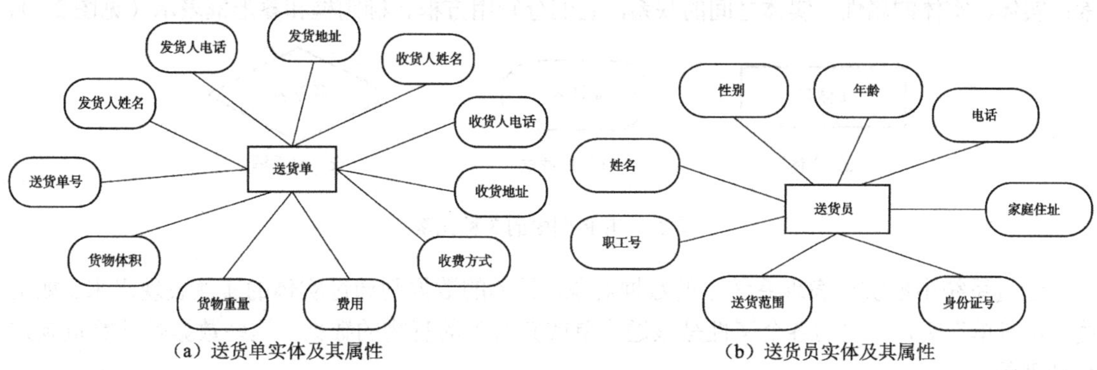

（a）送货单实体及其属性　　（b）送货员实体及其属性

图 2.6　物流管理系统中的实体及其属性

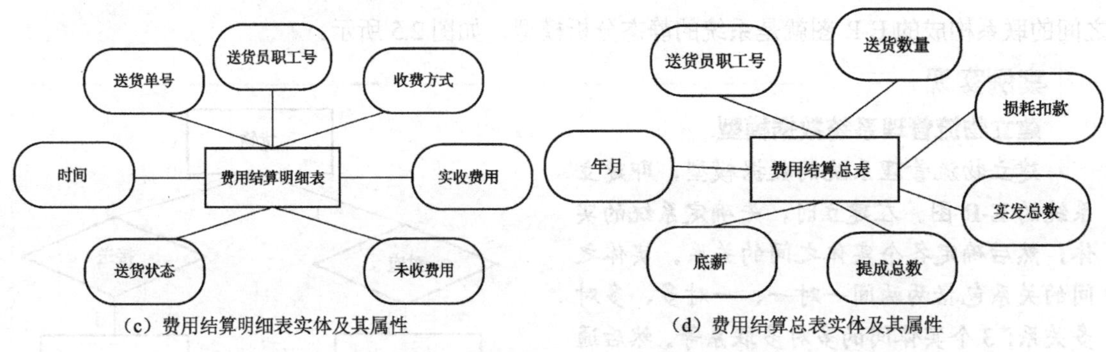

（c）费用结算明细表实体及其属性　　（d）费用结算总表实体及其属性

图 2.6　物流管理系统中的实体及其属性（续）

在原有的 4 个实体：货物、送货单、送货员、费用核算表中，由于货物是实物，计算机中需要的信息就在送货单中，所以 E-R 图中只需要送货单；而费用是从送货单中统计出来的，包括明细表和总表，所以 E-R 图中是送物单、送货员、费用结算明细表、费用结算总表。每个实体的属性如下：

（1）送货单：送货单号、发货人姓名、发货人电话、发货地址、收货人姓名、收货人电话、收货地址、收费方式、费用、货物重量、货物体积。

（2）送货员：职工号、姓名、性别、年龄、电话、家庭住址、身份证号、送货范围。

（3）费用结算明细表：时间、送货单号、送货员职工号、收费方式、实收费用、未收费用、送货状态。

（4）费用结算总表：年月、送货员职工号、送货数量、损耗扣款、实发总数、提成总数、底薪。

上述 E-R 图是系统的静态数据模型，需要通过数据分析获取，其具体分析方法在数据库设计原理教材中会详细介绍。

2.3.2　E-R 图简述

E-R 图是传统的数据模型，又称概念模型，它描绘了系统的数据关系。E-R 图中包括 3 种元素：实体、实体的属性、实体之间的联系，它们分别用方框、椭圆框和菱形框表示（见图 2.7）。

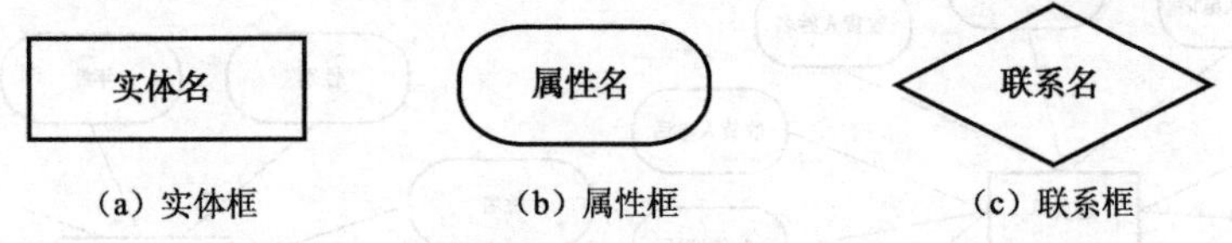

（a）实体框　　（b）属性框　　（c）联系框

图 2.7　E-R 图中的 3 种元素

通过系统中的实体表现系统中的数据对象，具体的数据则通过实体的属性表现出来。如上述“送货单”实体，它的各个属性是该送货单或其对应的货物的数据，这些数据是计算机要进行处理的。

在业务系统中，任何实体都不是孤立的，它们之间的关系可用“联系”表示。如“货物”与“送货单”两个实体之间就存在“对应”联系。联系的类型有多种，典型的实体之间的联系有 3 种：一对一联系（1∶1）、一对多联系（1∶n）、多对多联系（m∶n）（见图 2.8）。

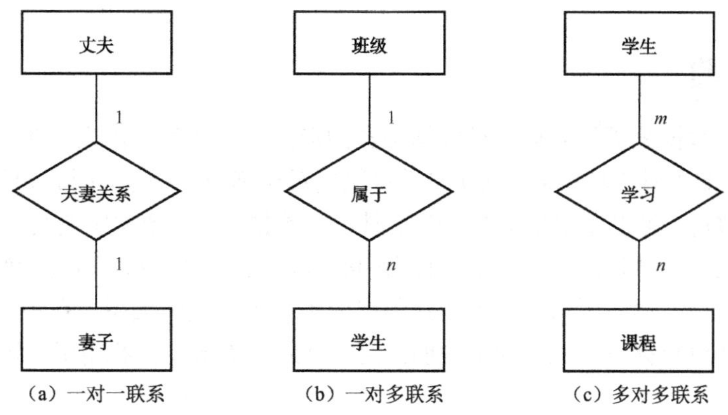

图 2.8 3 种典型的实体之间的联系

其实，画 E-R 图的关键是找出系统的实体，只有找出实体，才能逐步分析实体之间的联系、实体的属性。如何找出系统的实体呢？在上述物流管理系统的需求陈述中，可以从名词中候选。比如，从该陈述中，可以得到一些名词，如物流公司、计算机网络系统、收货点、发货人、收货人、货物、送货单、送货单号、数据库、送货员、物流仓库、财务人员、费用等。如何从这些名词概念中选出实体呢？

（1）删除一些不需要用计算机处理的概念。

如物流公司、计算机网络系统、数据库、收货点、物流仓库、财务人员等。这些概念由于不需要或没有数据进入数据库系统，所以排除其作为实体。其实，有些概念是可能进入数据库的，如收货点、物流仓库等机构信息，由于本案例是个教学案例，为了使问题更简单，所以不考虑它们，仅仅将它们作为一个概念而已。

另外，财务人员作为一个操作计算机系统的角色，其本身是一个实体，同样也是只考虑案例的简单化，所以该类概念也排除掉。

（2）排除是属性的概念。

通过上一步，剩下的概念有：发货人、收货人、货物、送货单、送货单号、送货员、费用，但送货单号、费用是送货单的属性，所以也排除掉。

（3）实体和属性的转化。

通过上一步，剩下的概念有：发货人、收货人、货物、送货单、送货员，但发货人、收货人，由于不需要专门对它们进行管理，可以将这两个概念作为送货单的属性。剩下的概念只有货物、送货单、送货员 3 个。

（4）增加一些需要处理的概念。

系统中，要专门对费用进行处理，处理时由费用结算表将它作为实体。所以物流管理系统中的实体有货物、送货单、送货员、费用结算表 4 个。

找出实体后，就根据这些实体之间的关系建立数据模型，然后分析各个实体的属性。在分析实体的属性时，可以将一对一关系的实体合并后再进行分析，如货物与送货单是一对一关系。另外，费用结算表实际上有总表与明细表，所以在分析其属性时，将它们分解为两个实体分别进行属性分析，最后得出系统的 E-R 模型。

2.3.3 数据字典

将上述获取的数据分析的结果通过数据字典的形式集中地表示出来，利于集中数据分析与管理。由于图形化的工具（如E-R图等）缺乏对数据对象细节的描述，因此为了对系统中实体、属性做更详细的描述，可以使用集中的存储工具——数据字典。数据字典是一个定义应用软件系统中所有数据元素和结构的定义，以及它们的类型、大小、单位、精度和允许取值范围等详细说明的地方。数据字典与图形分析模型共同组成了系统的逻辑模型。在系统的逻辑模型中，由于有了数据字典对数据对象进行详细说明，模型就显得更加严格和精确。某物流管理系统数据字典样例如表2.2所示。

表2.2　某物流管理系统数据字典样例

序号	数据或处理	类型	长度	约束条件	备注
1	物流单号	字符类型	30	不能为空	物流单号及条形码，供扫描
2	发货人姓名	字符类型	20	可为为空	
3	发货地址与电话	字符类型	64	可为为空	
4	收货人名字	字符类型	20	不能为空	
5	收货人地址与电话	字符类型	64	均不能为空	两者分开填写，均不能为空
6	物流费用	数值	8	不能为空	每个订单收取的费用
7	货物重量	数值	8	可为空	
8	签收人	字符类型	20	不能为空	
9	送货员	数据对象	无	数据项描述	包括姓名、电话、身份证号
10	仓库管理员	数据对象	无	数据项描述	包括姓名、电话、身份证号
11	费用结算	处理	无	处理描述	按月对送货员佣金结算

数据字典不但可以对数据进行描述，也可以对处理与控制进行描述。

2.4 用传统方法建立系统功能模型

传统分析方法的功能模型是用数据流图来表示的。数据流图是反映数据在系统中的流动与加工处理的图形工具，是结构化分析的基本图形与分析工具。

应用系统中任何一个基本处理都包括输入、加工处理、输出3部分。其中输入是处理的流入数据集合，又称为输入的数据流。输出是加工处理或变换的输出结果集合，也称为输出的数据流。加工处理则是一个加工过程或变换过程，该过程可以用一个加工或变换的处理逻辑描述，可以是文字、算法、形式化表达方式等。所以，几个基本的处理模型可以用如图2.9所示的图形表示。

图2.9　系统中基本处理的模型表示

2.4.1　系统功能模型（数据流图）的建立

数据流图用于描述系统的数据流动与加工的整个过程。从数据的原始输入进行加工，其输出又作为另一个加工的输入，直至整个加工过程结束。如物流管理系统的货物信息在系统中的加工过程可以表示为如下功能模型（即数据流图）。

案例实现

建立物流管理系统功能模型

建立物流管理系统的功能模型即建立系统的数据流图。数据流图确定系统的每个功能及其数据的输入、输出。物流管理系统的功能模型如图 2.10 所示，它表达了整个物流管理系统各功能的处理关系，并为今后软件模块与软件结构设计提供依据。

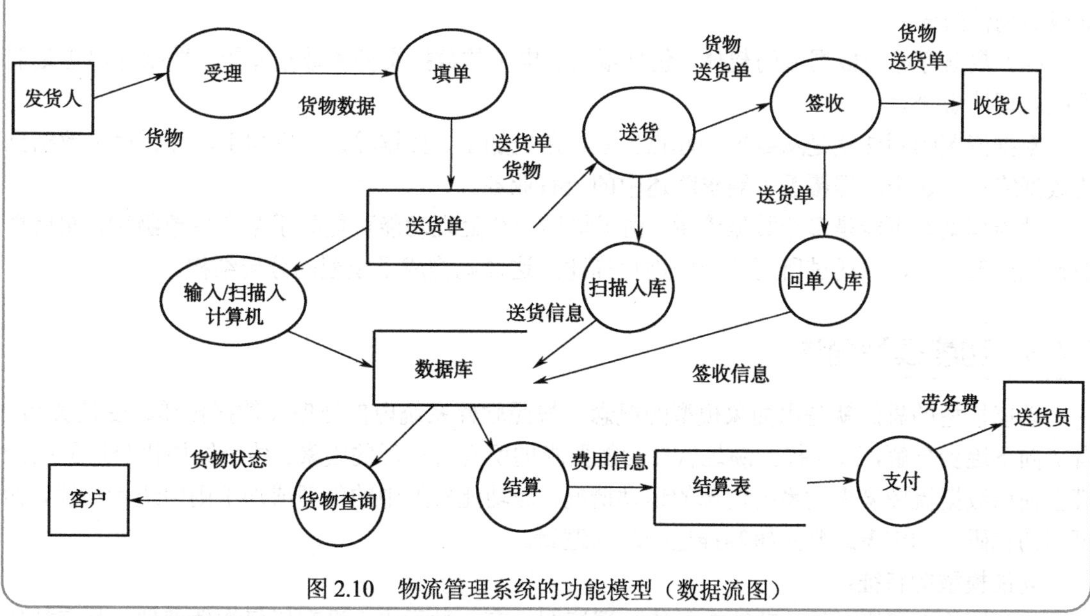

图 2.10　物流管理系统的功能模型（数据流图）

数据流图是对数据进行功能处理的描述，画数据流图可从分析需求陈述中的动词开始。例如，物流管理系统中的动词有收货、打包、称重、收费、填单、输入计算机、分拣、发货、送货、结算、支付、签收、查询等。

从上述动词中，剔除那些对数据加工或变换不产生明显作用的动词，如称重、收费、输入计算机等，留下主要处理动词：收货、填单、分拣、送货、签收、结算、支付、查询，然后通过这些动词的处理流程构造出上述数据流图，即物流管理系统的功能模型。

2.4.2　数据流图简述

数据流图中只有 4 个元素，即数据的起点与终点、处理、数据存储、数据流，分别用正方形框、圆形框、开的矩形框、箭头表示（见图 2.11）。在画数据流图时，需在这些框中或箭头边上标明各自的名称。

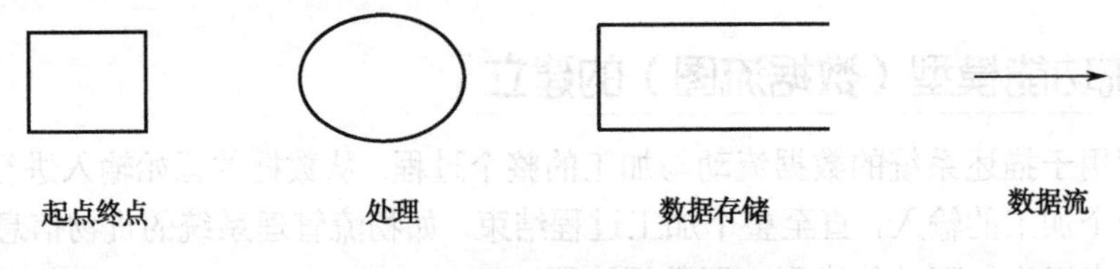

图 2.11 数据流图的 4 种元素

（1）起点是数据的源头，至少有一个输出数据流；而终点是数据的尽头，至少有一个输入数据流。

（2）加工或变换处理是将输入的数据流进行加工或变换，产生输出数据流。加工与变换均是动词。

（3）数据流是被加工的数据集合的流向，包括输入数据流与输出数据流。数据流一般是名词或名词性短语。

（4）数据存储是数据流的载体，包括纸质、电子的数据文件和数据库等。数据存储也是名词或名词性短语。

数据流图的画法就是从数据的起点出发，通过加工、数据输出、再加工，直到输出数据到达数据终点。这个流程覆盖了需求陈述中的所有业务。

功能模型有可能是多个数据流图。由于描述一个处理功能可能处于某个抽象级别，然后再细致地处理细节，并通过所谓的子图进行描述，这样就构成了模型的分层结构。

2.4.3 功能模型简述

功能模型的思想就是用抽象模型的概念，按照软件系统内部处理及数据传递、变换关系，自上向下逐步分解，直至找到满足软件功能要求的所有可实现的因素。传统结构化分析的功能模型使用数据流图来表达系统内部的运动情况，而功能模型中的处理或加工则用逻辑描述，如可用伪代码、判定表或判定树等描述处理的逻辑。

功能模型的特征：

（1）抽象性和概括性。功能模型的数据流图只有 4 种元素，没有任何物理部件，具有抽象性。这 4 种元素概括了系统中数据的流动和处理的过程，是系统的功能表示。这种抽象性有助于功能分析和后续的总体设计。

这种抛弃了物理因素的 4 种抽象元素表示的模型，也概括了系统的主要部分，所以说功能模型具有系统的概括性。数据流图作为信息交流工具，由简单的不包含任何物理细节的符号组成，便于用户的理解和评价。

（2）层次性。功能模型中的数据流图可按功能分解的方法逐层来画，从整个系统的基本模型开始逐步分解，每分解一层，系统的处理就多了一些，且进一步具体了。重复这样的分解过程，直到所有的处理都已足够简单，不必再进行分解为止。

一个功能模型有可能非常复杂，一个数据流图无法完全表示清楚，这就需要用分层的方法来很好地解决。这种数据流图的分层有利于用户的理解。如图 2.12 所示是一个功能模型的分层数据流图。

图 2.12 中表明了一个功能模型，它是由多层数据流图组成的。顶层数据流图（0 层）表示系统的总体处理。该层又可以细化为两个处理，构成 1 层数据流图，同理再细化为 2 层数据流

图。如果有必要，还可以继续细化，直到不需要细化为止。

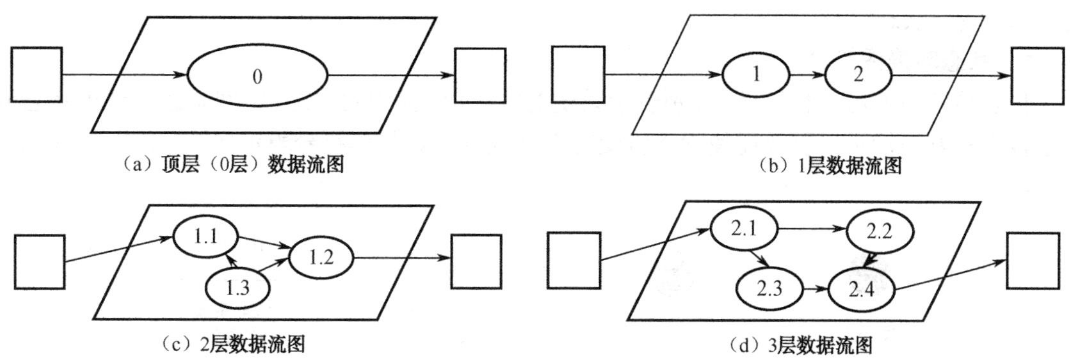

图 2.12 数据流图的分层示意

2.4.4 功能模型的文字描述

模型只是图形表示，它具有不精确的特点。如果要精确表达所建立的功能模型，还需要通过文字进行辅助表达。通过建立物流管理系统的功能模型，可以分析物流管理系统的各个功能，获取物流管理系统的功能需求。物流管理系统的主要功能需求包括：

（1）货物受理。

（2）接送货。

（3）仓储管理。

（4）货物分拣。

（5）费用结算。

（6）跟踪查询。

描述一个功能一般包括功能描述、输入、加工和输出 4 个部分。

例如，“货物受理”功能。

（1）功能的业务操作描述：对货物受理业务进行业务的总体描述，如描述功能要达到的目标、所采用的方法和技术，还应清楚说明功能意图的由来和背景等。

（2）输入：客户提供的货物情况及送货要求、费用支付情况。

（3）处理：收货员接收发货人的货物、称重、填送货单、收费，并将信息输入计算机。

（4）输出：送货单。

其他功能需求描述可根据功能模型进行细化，此处不再赘述。

2.5 建立系统动态模型

动态模型又称行为模型，是描述系统的动态行为。动态模型用状态转换图来表示，它表示系统如何应付外部事件，即某个在外部事件作用下的结果，及如何进行动作导致的状态之间的转换与变迁。

例如：物流管理系统的货物在业务处理过程中有不同的状态，在受理后就是“已受理”状态；而通过送货到物流仓库则是存放到仓库的“待分拣”状态；分拣后就是“待发送”状态；

发送后就是“已发送”状态；用户接收货物并签收后就是“已签收”状态；用户签收后转账就是“已收费”状态。

1. 状态转换图简介

状态转换图使用 4 种符号，分别表示系统的状态（包括初始状态、中间状态及结束状态）、状态转变的方向箭头，以及促使状态转变的事件或规则。具体符号表示如图 2.13 和图 2.14 所示。

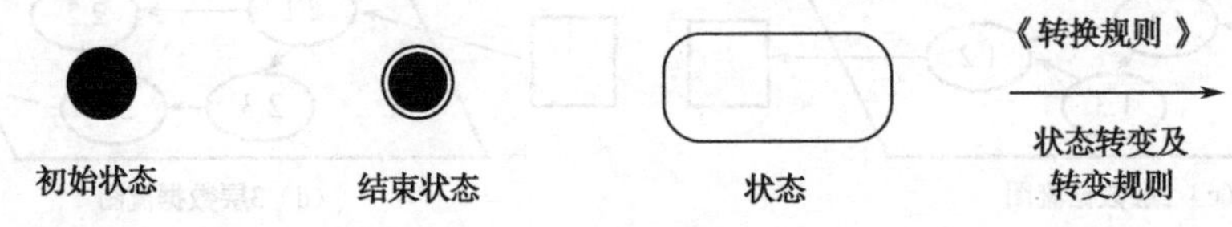

图 2.13 状态转换图符号

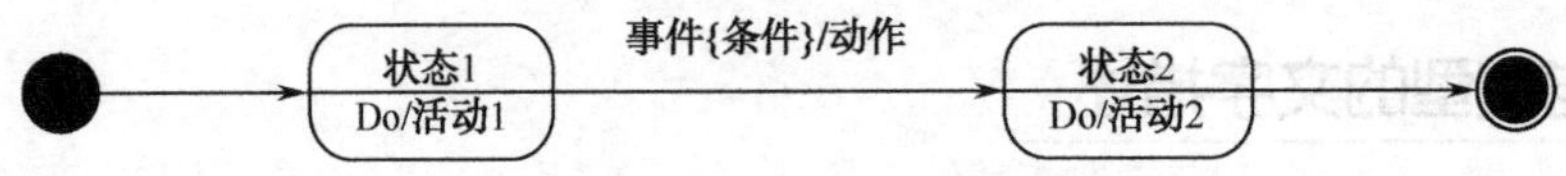

图 2.14 状态转换的表示

下面就通过物流管理系统的状态转换图介绍动态行为模型的建立方法。

2. 物流管理系统状态转换图的建立

状态转换图表示的是在外部事件作用下事务状态的变迁与转换过程。物流管理系统就是货物在各种外部事件（即物流活动）作用下引起的货物状态的变化，直至到收货人手中并结清费用的过程。

使货物状态产生变化的活动有：货物受理、送货、分拣、收费、发送、签收等。物流就是在这些物流活动或事件触发下进行状态转换而完成的。

案例实现

建立物流管理系统动态模型

建立物流管理系统的动态模型，即建立系统的状态图。状态图反映了系统及其实体在整个生命周期中，由于外部事件触发使其从一个状态到另一个状态的变迁，直至终结状态。物流管理系统的动态模型如图 2.15 所示。它表达了物流管理系统中的货物在生命周期不同状态之间的迁移以及对应的外部事件，是今后程序处理过程设计的基础。

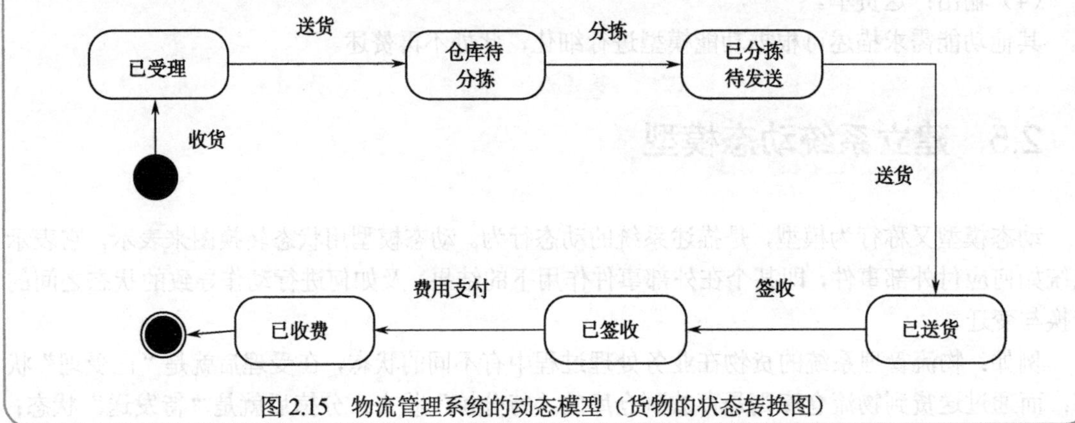

图 2.15 物流管理系统的动态模型（货物的状态转换图）

状态转换图表示的动态模型中的那些活动或事件往往是动词，可从需求陈述的动词中进行选择；而状态则是某个事务或是实体的属性值，状态的改变其实就是属性值的改变。

3. 动态模型简述

在系统的静态数据模型（数据对象）考察清楚后，就需要考察这些静态数据模型的动态特征，即何时对它们及其关系做何种改变。

动态模型表示瞬间的、行为化的系统控制性质，它规定了数据对象模型的合法变化序列。动态模型由多个状态图组成，对应每个具有重要动态行为的对象都有一个状态图，它们的集合表明系统活动的模式。

2.6 需求说明书及书写重点

需求分析的结果最后需要通过需求说明书描述出来。软件的需求说明书格式见附件 A"计算机软件开发文件编制指南（GB/T8567—1988）"中的第一部分"软件需求说明书的编写"。该标准中有许多关于该软件的需求分析和需求描述，虽然该标准的标题与栏目比较多，但主要有产品描述、定义系统边界、产品功能需求、其他需求（如接口需求、性能接口等）、数据字典等。

1. 产品描述

该部分需要叙述该项软件开发的意图、应用目标、作用范围等问题定义，以及其他需向读者说明的背景材料。其中需求陈述是产品描述的主要部分。具体的需求陈述见 2.1.4"案例实现：通过需求陈述进行物流管理系统的问题定义"。

2. 定义系统边界

在需求导出和分析过程中进行系统边界的界定，即需要明确系统是什么，系统的环境是什么，并需要在需求说明书中确定下来。系统边界的确定有许多人为的非技术因素，只有在需求说明书中定义了系统的边界，才能给后面的工作确定明确的目标。

系统边界一旦确定，接下来就是定义上下文和系统与环境之间的依赖关系。这个活动一般要借助于体系结构模型来描述。人们常用上下文图来描述系统的体系结构模型，如图 2.16 所示。

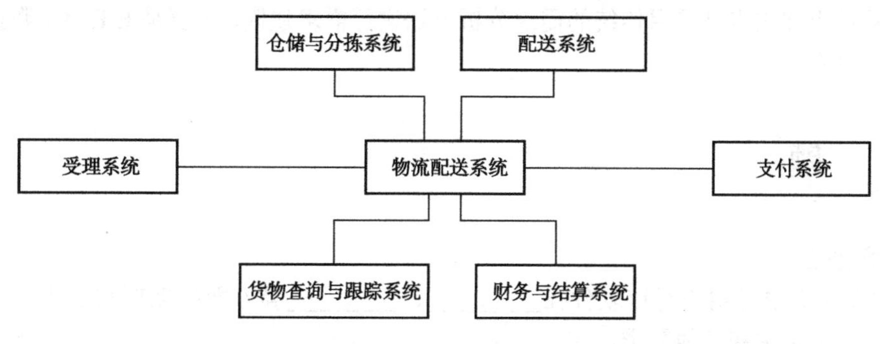

图 2.16　物流管理系统的上下文图

上下文图通过方框表示一个子系统，连线表示这些子系统之间的关系。这些子系统可能是内部的，也可能是外部的，如支付系统可能是第三方网络支付系统。

如果所定义的产品是一个更大系统的组成部分，则应说明本产品与该系统中其他各组成部分之间的关系，为此也可借助上下文图来说明该系统的组成和本产品同其他各部分的联系和接口。

3. 产品功能需求

产品功能需求的描述是需求说明书的主要部分。需求的描述包括总体功能的描述及各个具体功能的描述。

总体功能可以借助于功能模型和功能列表描述，它表明各个功能的地位及其之间的关系。各个功能需求则需要具体描述其功能描述、输入、加工、输出 4 个部分。具体见附件 A“计算机软件开发文件编制指南（GB/T8567—1988）”中的“软件需求说明书的编写”的“3.1.1 功能需求 1”的要求。

4. 其他需求

需求包括功能需求和非功能需求等，上述已经对功能需求的描述进行了介绍，余下的就需要对非功能需求进行描述。非功能需求非常多，如接口需求、性能接口、用户的特殊需求等，具体见附件 A“计算机软件开发文件编制指南（GB/T8567—1988）”中的“软件需求说明书的编写”中的“接口需求”等的要求。

5. 数据字典

建立数据模型并经过数据需求分析后，最后需要通过数据字典详细地描述出来。数据字典是需求说明书中的重要部分。关于数据字典的具体介绍请参考其他文献。

小　结

本章有两个目的，首先介绍什么是需求分析，以及需求分析的任务与过程；其次介绍如何采用传统的需求分析方法进行需求分析，如何建立需求分析模型。

本章以一个案例（物流管理系统）为导向介绍传统的需求分析方法。从该系统的业务描述与问题定义开始，先进行数据模型的建立，然后进行功能模型的建立，最后进行需求说明书的编写。在展开这些教学内容时，是以物流项目的实际需求分析顺序介绍的，最后讲授支撑知识，使得读者不会觉得知识凌乱，且容易理解与掌握。

本章的重点和难点是采用传统的需求分析方法进行需求建模，主要是 E-R 图、数据流图相关知识及其建立过程。

习　题

一、填空题

1．软件的需求是用户对该软件在________、________等方面的期望与要求，即软件的需求、________需求和其他需求。

2．需求分析的任务是需求分析师通过与用户的交流、________、________，得到用户对系统完整、准确、清晰、具体的要求。

3．需求分析过程中建立的模型有：________、________和________。传统结构化的需求分析模型包括：________图、________图、________图。

4．传统的需求分析模型中，________的建立是今后数据库设计的基础，而________的建立是今后软件功能结构设计的基础。

5．软件的需求最终要通过____________________表达出来。

二、思考与简答题

1．需求分析的任务和作用是什么?

2．需求分析的步骤有哪些?

3．什么是数据模型？实体、属性、联系之间的关系是什么？

4．什么是功能模型？处理的描述包括哪些内容？

5．什么是动态模型？它与功能模型的区别是什么？系统的状态是如何转换的？

6．软件需求说明书重点包括哪些方面?

试一试：用传统方法进行需求分析建模

实训：对“学生管理系统”进行需求分析与建模

（一）实训内容与实验环境

本单元实训要求用传统的需求分析方法对“学生管理系统”进行分析、建模与需求说明。

具体包括以下任务。

任务 1：问题定义与问题陈述（即通过需求陈述，对“学生管理系统”进行问题定义）。

任务 2：从需求陈述中进行数据分析（即对“学生管理系统”进行数据模型，也就是 E-R 图的建立）。

任务 3：从业务的需求陈述中进行功能分析（即对“学生管理系统”进行功能模型-数据流图的建立）。

任务 4：需求说明书的编写（即简要编写“学生管理系统”的需求说明书）。

实验环境：

- Microsoft Windows。
- Microsoft Word。

（二）实训方案与步骤

任务 1：问题定义与问题陈述

1．实训目的与要求

（1）理解问题定义的作用。

（2）会用自然语言，以应用文的形式陈述问题的业务。

（3）锻炼学生的行业感悟能力。

2．实训方案

一个软件项目的过程包括软件定义、软件开发、软件维护 3 个时期。其中问题定义是在软件定义阶段，主要解决的是“用户要计算机做什么？”的问题。

问题的定义是对要实现的业务系统的描述。一般是由系统分析人员通过对用户和有关部门的人员进行访问调查，根据对问题的理解，首先提出系统的目标和方案，然后和用户反复交流，对含糊不清和理解有偏差的地方进行修改，最后得到一份双方都认可的问题定义文档资料。

本实验要求学生就“学生管理系统”进行问题的定义描述。大家针对自己在学校里的学习环境、面临的各种管理、处理过程，及今后计算机需要处理的事务进行定义，描述出要开发的“计算机管理系统在学生管理中应做些什么及如何做”。

3．实训步骤

“学生管理系统”的问题定义步骤：

（1）对问题进行陈述，即描述业务的处理逻辑及相关流程，主要是学生管理过程中涉及的相关部门、人员、工作内容及如何工作。

（2）编写“学生管理系统”的问题定义，包括描述其功能，说明需要计算机在此处理的功能，即要计算机“做什么”的问题。

任务 2：从需求陈述中进行数据分析

1．实训目的与要求

（1）从问题定义中的需求陈述中获取数据需求。

（2）会对数据进行分析与建模。

2．实训方案

一个软件项目中的完整问题定义规定了项目的内容、范围，问题定义中的需求陈述是对要实现的业务系统的描述。

本实验要求学生从“学生管理系统”的需求陈述中，提取其“数据需求”，也就是要确定系统有哪些实体，这些实体有哪些属性。可以从需求陈述文档中的“名词”中进行筛选获得。先确定那些大的概念，再分析它有什么属性。先罗列这些实体、属性，再建立 E-R 图。

3．实训步骤

“学生管理系统”的数据分析步骤：

（1）从需求陈述中分析出实体。

（2）分析每个实体各有哪些属性。

（3）分析各个实体之间有什么联系。

任务 3：从业务的需求陈述中进行功能分析

1．实训目的与要求

（1）从问题定义中的需求陈述中获取功能需求。

（2）会对功能进行描述。

2．实训方案

一个软件项目中的完整问题定义规定了项目的内容、范围，问题定义中的需求陈述是对要实现的业务系统的描述。

本实验要求学生从“学生管理系统”的需求陈述中，提取其“功能需求”，也就是要实现的功能有哪些。可以从需求陈述文档中的“动词”中进行候选获得。然后对这些功能进行描述，通过其“输入”、“输出”、“处理”几方面进行进一步的描述。

3．实训步骤

“学生管理系统”的功能分析步骤：

（1）从需求陈述中分析出功能。

（2）对每个功能，就输入、输出、处理 3 个方面进行描述。

任务 4：需求说明书的编写

1．实训目的与要求

（1）理解需求分析的任务与过程。

（2）了解需求说明书的格式。

（3）会编写需求说明书。

2．实训方案

实验包括针对学生管理系统进行如下工作：

（1）需求陈述。

（2）数据模型的建立及数据字典的编写。

（3）功能模型的建立。

（4）动态模型的建立。

（5）按标准格式编写需求说明书。

3．实训步骤

综合任务 1～任务 3，再根据“计算机软件开发文件编制指南（GB/T8567—1988）”第一部分“软件需求说明书的编写”，对“学生管理系统”的需求说明书进行编写：

（1）对系统进行需求陈述。

（2）从需求陈述中分析出静态数据模型，并对各实体、属性进行说明，建立数据字典。

（3）从需求陈述中分析出功能模型，对每个功能，就输入、输出、处理 3 个方面进行描述。

（4）描述系统中的重要实体的状态变迁，画出状态图，即建立动态模型。

（5）根据标准模板格式编写“学生管理系统”的需求说明书。

第3章 基于需求分析进行软件设计

学习目标

［知识目标］

■ 了解软件设计的概念及软件设计对软件开发的作用。

■ 理解软件设计与编码的关系及设计到编码的过渡。

■ 理解软件设计中需求分析到软件设计的映射。

■ 了解面向数据流的软件设计方法。

■ 了解软件设计的类型，以及概要设计和详细设计的任务与基本工具。

■ 理解软件设计原则，重点包括模块独立性原则和耦合与内聚度量。

■ 了解软件设计说明书编写规范及其编写。

［能力目标］

■ 能基于 E-R 图进行数据库逻辑结构的设计。

■ 能基于数据流图进行软件结构的设计。

■ 能用常用的详细设计工具对程序进行处理逻辑的描述。

■ 能用设计原则优化设计。

3.1 软件设计

3.1.1 软件设计概述

1. 软件设计是软件编码开发的蓝图

通过需求分析已经全面、准确地了解了软件应该“做什么”，以下就是动手“怎么做”的事情了。且慢，先进行“软件设计”，再动手做（编码）！

设计就是规划出“怎么做”的蓝图。学习本门课程之前，需要读者已经学过程序设计语言课程。程序设计是否就是软件设计？软件编码是否就是设计呢？回答肯定都是否定的，它们各不相同。

第 1 章已经阐述过，程序设计是程序级的代码设计，主要体现在处理过程的逻辑设计。它相当于软件设计中的“详细设计”；而软件编码是程序员在计算机上“敲”出能运行的程序代码的过程。

软件设计不是简单的程序设计的叠加，因为各个程序之间是有机联系的，且软件内部结构庞大而复杂，软件开发又不易管理与控制，所以软件设计一般需要一个宏观的规划，即所谓的总体设计。通过总体设计将复杂的大问题分解成小问题，再通过详细设计将小问题进一步接近于代码，直到软件中程序代码的设计。

所以说，软件设计是软件编码的蓝图，是软件开发的一个重要阶段，也是编码实现、软件测试、软件维护阶段的基础与前提。软件设计在软件开发中的重要性如图 3.1 所示。

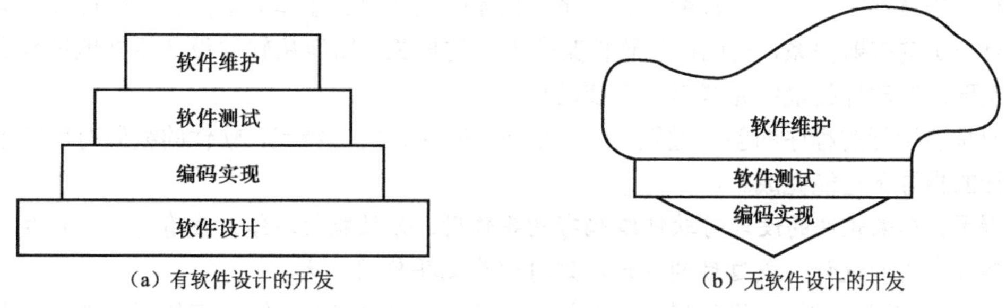

图 3.1　软件设计在软件开发中的重要性

从图 3.1 不难理解，软件设计是编码实现的基础，有了这个基础，后续阶段的工作内容才会明晰，工作过程才会有序。

小提示：其实“设计”的概念很广，很多领域都有“设计”的概念，如建筑设计、动漫设计等。设计可以认为是描述某个事物如何被制造出来的图样和模式，也可以认为是如何制造出来的一种安排或一种规划。软件设计可以看作是软件如何被开发出来的一种蓝图、规划，通过软件设计解决软件“怎么做”的问题。

2. 需求分析到软件设计的过渡

软件设计与需求分析一样，是软件开发的重要步骤。软件设计是从需求分析结果出发，规划出硬件、软件等如何实现，从而达到满足用户对软件要求的目标。软件设计是对软件需求的直接体现，并为软件的实现提供直接依据，是软件设计师的劳动成果。

其实，某个软件需求分析的结果，与软件设计的结果有一种对应关系，我们通过这种对应关系获取设计结果的步骤与方法，就是设计方法。通过软件设计，我们从需求分析过渡到软件设计。

需求分析与软件设计的工作任务不同，采用的工具与方法也不同。例如，在需求分析的过程中，需要建立分析模型；而在软件设计的过程中，则需要建立设计模型。需求分析到软件设计的过渡如图 3.2 所示。

只有理解了软件设计的作用、任务，才有利于软件设计的学习，有利于对设计工具的理解与掌握。理解需求分析与软件设计的不同，从需求分析到软件设计的顺利过渡，对明确软件开发各阶段的任务、理解软件开发工作流程、理解软件开发相关知识理论具有重要的意义。

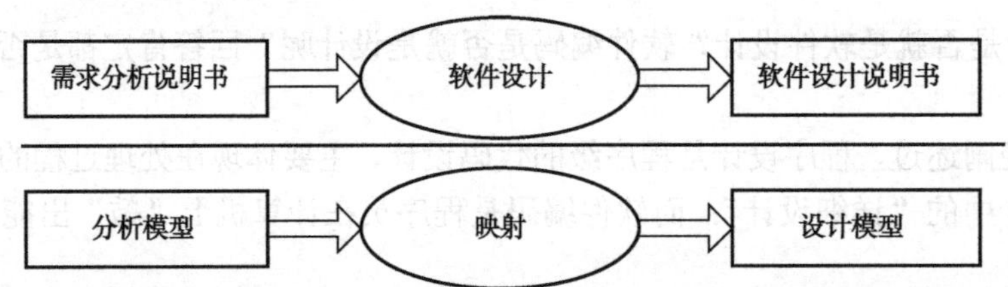

图 3.2　需求分析到软件设计的过渡

3. 软件设计到编码的过渡

软件设计的目的也是为了编码实现，但设计不是编码实现，而是编码实现的规划与蓝图。通过设计的指引进行编码，从而有利于开发过程有序地进行。

设计已经规划了实现所有需求应该“怎么做”，并粗略地规划了要实现的要素与步骤。但设计的结果毕竟不能运行，只有编写成程序代码才能在计算机上运行。所以，软件设计与程序编码也有一定的映射关系，它们都是软件某个层次的抽象。如何从软件设计很好地过渡到程序代码的实现，对软件的最终完成具有重要的意义。

编码是能运行的程序的创造过程。由于软件及软件开发的特点，软件的编码有可能不用在某种设计的指导下也能完成。

小提示：如果软件的设计对软件编码有指导作用，并且能使后续开发有序化，则是好的设计。而高来高去的设计，或过度的设计，则对程序编码作用不大。

目前软件编码中常用到设计模式，其实设计模式是一种前人总结出来的成功的设计并将其固化，使我们在某些开发过程中减少一些设计的烦恼，直接采用该设计，按其模式进行。

软件的程序编码中有许多元素，软件的设计也有一些元素，如果它们有对应关系，则说明设计比较深入与具体，否则很多细节需要在编码中去完成。从软件设计到编码的过渡需要看设计的程度。

3.1.2 软件设计与编码

软件专业的学生培养的核心能力就是计算机软件开发与编程能力。软件开发最终是要将软件的程序代码编写出来并最终经过测试、运行。由于学生在学习软件编写时都从程序设计语言开始学习，对程序编码工具学习得多，而通过软件设计指导程序代码的编写学习得少。

目前比较流行的程序编码语言有.NET 和 Java 等，一般高校软件专业都以它们为主要教学内容。这些语言的教学过程强调的是程序语言各个知识、技术的学习，而对软件开发综合能力的培养比较少。

比如：目前的程序编码语言（如 Java 语言），大部分都是面向对象的编程，并且往往还需要数据库和 Web 服务的支持。这些内容体现在技术层面，在开发软件时有程序文件、执行语句、数据变量、表达式、类、属性、方法、逻辑处理、数据库连接与操作、Web 界面、第三方组件等知识概念。而软件设计的结果几乎很少有这些概念元素，所以学生会觉得设计并不重要。

另外，在某些课堂讲授软件设计时，没有与软件编码对接起来，往往使设计与编码在技术上脱节，致使学生学起来困难且枯燥。

其实，软件设计是可以与软件编码对接上的，只是有无必要的问题。前面已经讲过软件设计有深浅问题，可能抽象些，也可能具体些；可以深入一些，也可以浅显一些，就看程序员能否看懂与利用，是否能指导编码工作顺利完成。

一般来说，软件设计要体现满足软件需求的应包括的模块及其之间的结构关系；还要体现某些特殊模块的内部逻辑处理的设计。这两大方面与前述的编码元素好像没有对应关系，其实它们是软件更高层次的抽象，我们完全可以再具体化到这些编码元素对应的设计（只是看是否有此必要，另外还要避免过度设计）。

目前大部分软件编码是面向对象的，但传统的设计没有面向对象的概念，也就是说从传统的软件设计到面向对象的编码，其对应元素更少。而面向对象的设计与面向对象的编码有“对象”这个概念对应，所以过渡起来容易，这也是面向对象软件开发方法的优势之一。

3.1.3　软件设计的内容

根据软件后续编码的需要，软件设计的内容主要包括：软件结构设计、数据库设计、程序处理过程设计。传统的软件设计直观、容易上手，所以大多数软件开发组织还是采用传统的方法。

小提示：因为传统的结构化软件设计与程序编码之间的对应元素少，所以程序编码时对编码的约束少、理解设计的内容不直观，对设计的内容容易“失真”，这也是用结构化设计大型软件开发成功率不高的原因之一。

（1）软件结构设计，是从需求出发导出的软件的结构模型，即软件为实现这些功能需求需要哪些功能模块，这些功能模块之间的关系是怎样的。软件结构设计是软件的高层次设计，往往用软件结构图表示设计模型。

（2）数据库设计，是从需求分析模型的静态数据模型出发，得出系统的整体数据库表逻辑结构。

（3）程序处理过程设计，是程序过程级的设计，即软件的某个模块内部的程序处理过程的设计，一般称其为详细设计。它的内容比软件结构设计更具体、详细，更贴近程序代码的元素。

软件开发知识：软件设计与软件编码的关系

从技术上看，软件设计是从软件需求分析模型导出软件设计模型，再以软件设计模型中的各个部分的详细设计为代码的范本，编写出程序代码。在软件开发过程中，由于软件设计的抽象程度不同，有些工作可以放到编码过程完成，所以软件设计与编码之间的界限一般不很清晰。但大的方面，如软件结构设计、数据库设计目标很明确。详细设计或其他的一些设计（如界面设计）往往被放到编码时完成；但是有些特殊的处理过程与算法，还是要在编码前设计好，否则不利于程序编码。软件设计与软件编码的元素对比如图 3.3 所示。

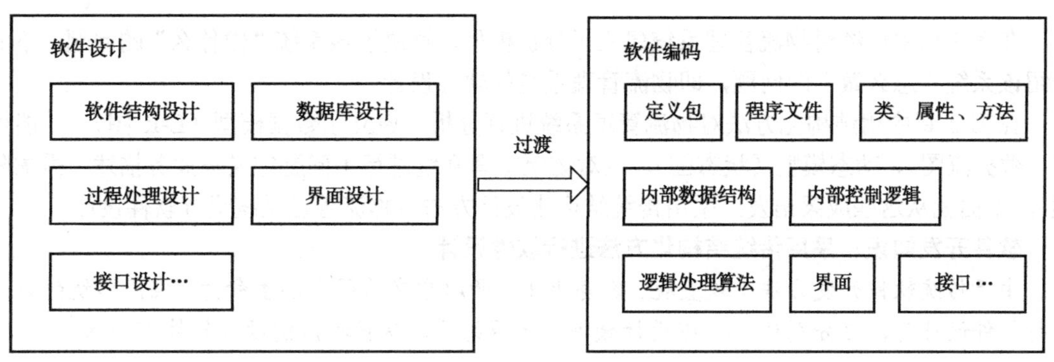

图 3.3　软件设计与软件编码的元素对比

从图 3.3 中可以看到软件设计与软件编码的元素内容，它们均是软件在某个层次的抽象，但它们之间是否有对应关系呢？对于不同的程序设计方法，其对应程度不同。软件设计有结构化的软件设计和面向对象的软件设计之分，它们建立的模型不同，这两种方法的设计模型到软件编码元素的对应程度也不同。目前采用面向对象的编码比较多，所以这里通过它来观察软件设计与面向对象编码元素的对应程度。

图 3.4 是结构化软件设计内容，其元素与软件编码的元素之间差异很大，从结构化软件设计模型到编码过渡容易失真。

图 3.5 是面向对象软件设计内容，其元素与软件编码的元素之间联系紧密，差异小，从面向对象软件设计模型到面向对象编码过渡自然，这也是面向对象软件开发方法的优势所在。

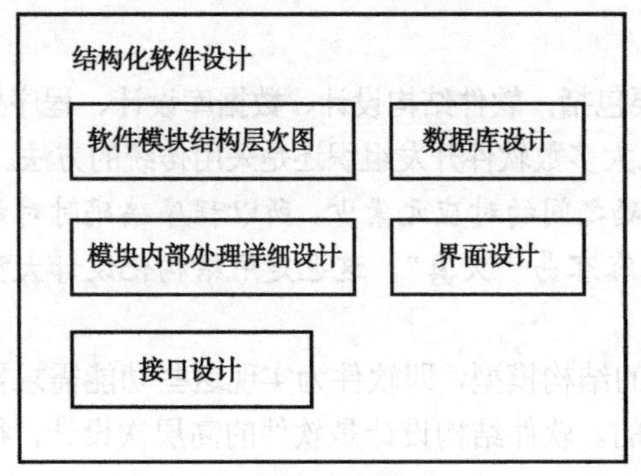

图 3.4　结构化软件设计内容

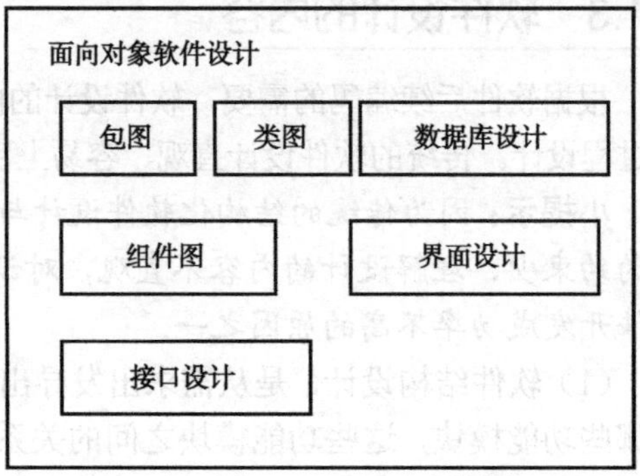

面向对象软件设计
包图
类图
数据库设计
组件图
界面设计
接口设计

图 3.5　面向对象软件设计内容

正是由于面向对象的软件开发方法的各个阶段的过渡自然，元素之间有着紧密的联系，面向对象方法只有采用迭代方式进行，才能使大型软件开发的成功率较高。

引导案例

对物流管理系统进行概要设计

在第 2 章物流管理系统需求分析结果的基础上，用传统的方法对其进行概要设计，并以其为载体讲授软件设计、设计模型等相关知识。

3.2　项目设计案例

在第 2 章中已经对物流管理系统建立了分析模型，解决了该系统“做什么”的问题，下面介绍该系统“怎么做”的问题，即物流管理系统的软件设计。

在第 2 章中用结构化方法对物流管理系统进行分析，建立了数据模型（E-R 图）、功能模型（数据流图）、动态模型（状态图），也对物流管理系统进行了问题定义与业务描述（需求陈述）。下面就从这些成果出发，采用传统结构化设计方法对物流管理系统进行软件设计。

软件开发知识：采用传统结构化方法进行软件设计

由于传统软件开发方法比较直观、容易上手，所以它有着强大的生命力。在用传统的方法进行软件设计时，应分别从 E-R 图设计数据库逻辑结构，从数据流图设计软件模块结构。

3.2.1　从 E-R 模型进行数据库设计

在第 2 章中已经给物流管理系统进行了数据分析，建立了数据模型，即物流管理系统的 E-R 图（见图 2.5 和图 2.6）。设计阶段需从该 E-R 图出发设计物流管理系统的数据库逻辑结构，即系统包括哪些数据库表、各表又包含哪些字段等。

根据第 2 章物流管理系统的 E-R 图，系统包括 4 个实体：货物、送货单、送货员、费用核算表（见图 2.5）；后来我们根据它分析出 4 个实体及它们的属性（见图 2.6），它们是：送货单、送货员、费用结算明细表、费用结算汇总表。下面我们选择关系数据库系统，从该 E-R 图出发（见图 2.6）设计数据库逻辑结构（关系结构）。该关系结构的设计依赖实体联系的类型。具体数据库逻辑结构设计由如下案例实现。

案例实现

数据库（逻辑结构）设计

物流管理系统的数据库设计，即设计系统数据库表的逻辑结构，它是基于系统的数据模型设计而来的。通过数据模型，再加上数据库设计需要的约束，如主码、外码等，得到如下系统的数据库关系结构设计。

（1）送货单（送货单 id，送货单号，发货人姓名，发货人电话，发货地址，收货人姓名，收货人电话，收货地址，收费方式，费用，货物重量，货物体积，是否付费，是否签收）。

（2）送货员（送货员 id，职工号，姓名，性别，年龄，电话，家庭住址，身份证号，送货范围）。

（3）费用结算明细表（费用结算明细表 id，送货单 id，时间，送货单号，送货员职工号，收费方式，实收费用，未收费用，送货状态）。

（4）费用结算汇总表（费用结算汇总表 id，年月，送货员 id，送货员职工号，底薪，送货数量，损耗扣款，提成总数，实发总数）。

需要说明的是，上述设计出的 4 个数据库表逻辑结构是属于物流业务数据，权限与操作等暂时没有考虑，联系的属性分析也省略了。

总结前人传统的从 E-R 图出发设计数据库（关系数据库表）的方法，可归纳如下步骤。

（1）一个实体对应一个表，所以上述 4 个实体各对应一个数据库表。

（2）如果实体之间是一对一的关系，则这两个实体表合并，如送货单与货物实体，则合并为一个送货单表，只需要将它们各自的属性合并，且将它们的联系的属性也合并在一起就可以。

（3）如果是一对多的关系，则每个实体一个表，联系的属性放到多方的表中，且一方的主码作为外码放到多方的表中。

（4）如果是多对多的关系，则每个实体一个表，另外联系也做一个表，该联系表包括联系的属性及两个实体的码，这两个实体的码均作为该联系表的外码。

（5）添加一些必要的处理属性，如送货单表中增加是否签收、是否付费等字段。

上述的数据库表的设计是数据库的逻辑设计，它不限于具体的数据库系统；如果要用某个具体的数据库系统，如 Oracle 数据库，就要按 Oracle 具体的要求进行设计与实现，它属于数据库物理设计。数据库设计是系统静态结构的体现，有了数据库的设计与实现，就可以编写程序代码对数据库进行操作了。

3.2.2 概要设计（软件结构设计）

概要设计是从需求分析中的功能模型出发，主要导出软件模块结构的设计。所谓的软件模块，是那些能独立完成某项任务的代码的集合，软件是由相对独立的模块组成的。软件结构设计就是要确定由哪些模块组成，以及这些模块之间的关系；软件结构设计可以用软件结构图表示，也可以用模块列表表示。软件结构的设计是从功能模型（数据流图）出发设计软件（模块）结构图。

软件开发知识：软件模块

软件模块是一个相对概念。软件是由相对独立的、完成某个任务的程序代码集合组成的，这些集合就是一个一个所谓的软件模块。由于软件完成的各个任务有大小之分，任务之间还可能有包含关系等，所以对应的软件模块非常复杂，它们既有大小之分，也有包含关系。软件设计就是要搞清楚软件是由哪些模块组成的，这些模块之间的关系如何。

软件模块又是程序编码单位，既可以按照模块来进行分工开发，也可以通过软件设计来安排软件编码工作。一个软件模块在设计阶段需要进行设计描述，而在编码阶段则是编码实现。

由于一个模块具有输入/输出（参数传递）功能，所以描述一个模块可从功能描述、输入、处理、输出 4 个方面进行。输入/输出分别是模块需要和产生的数据，功能是模块所做的工作和任务。而对于模块的编码实现，还涉及具体的内部数据结构、程序代码等内部特征。

1. 物流管理系统软件结构设计

用传统结构化方法设计软件包括高层的软件结构设计及各个模块的详细设计。软件结构设计是软件的高层设计，可用软件结构层次图表示软件结构设计（即设计模型）。第 2 章已经建立了物流管理系统的功能模型，即物流管理系统的数据流图。从该数据流图可以看出系统的主要功能需求，前面需求分析阶段列出物流管理系统的主要功能需求有：

（1）货物受理功能。

（2）接送货功能。

（3）仓储管理功能。

（4）货物分拣功能。

（5）费用结算功能。

（6）跟踪查询功能。

现在从物流管理系统的数据流图出发，导出系统的设计模型，即系统的模块软件结构设计。

案例实现

软件结构设计（概要设计）

传统的软件开发方法采用面向数据流的软件设计，即通过数据流图导出软件结构图。物流管理系统最终概要设计的结果如图 3.6 所示。

软件结构图是体现软件的模块组成及结构关系，每个模块对应软件一个相对独立功能的实现。软件结构图通过软件的模块组成关系而体现软件的某种结构，所以又称为软件设计模型。

软件结构设计图是以模块为单位的软件结构的抽象，它只反映了系统由哪些模块组成，并且这些模块的层次关系如何。其实，一个软件的结构非常复杂，这个软件结构图的表达是高层次的，所以又称为系统的概要设计。

软件各模块之间的关系也非常复杂，如何表示它们，且模块内部的处理细节等设计与表示，属于详细设计范畴。从抽象层次角度来看，详细设计更具体些，更接近于程序代码。

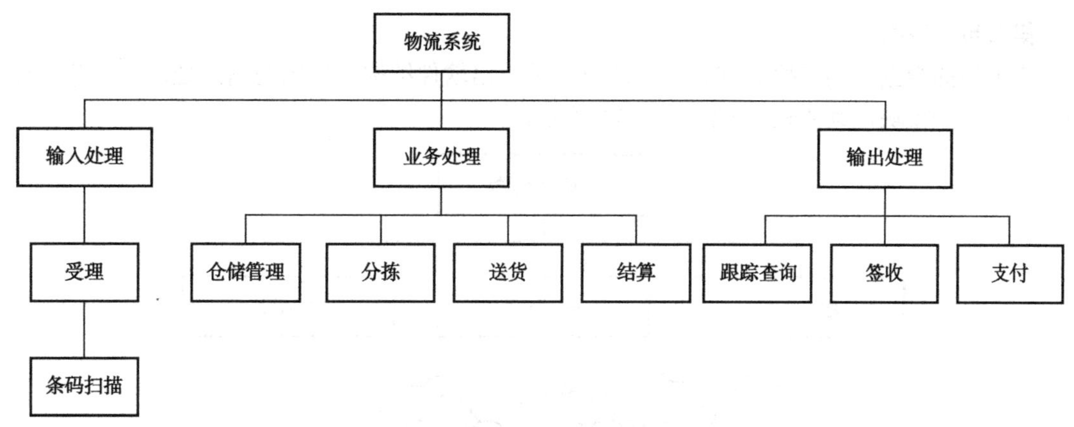

图 3.6　物流管理系统的软件结构图

2. 面向数据流的概要设计方法

上节物流管理系统的概要设计是从数据流图出发进行设计的，其方法称为“面向数据流的软件设计方法”。

案例实现

面向数据流的软件设计

面向数据流的软件设计是通过需求分析中的数据流图（功能模型），设计导出软件的结构图的过程。物流管理系统软件结构设计见如下 4 个步骤。

第一步：数据流图的分界，先分出 I、P、O 三块

将第 2 章物流管理系统的数据流图进行调整，分输入（I）、中间的处理（P）及输出（O）3 部分，如图 3.7 所示的两条虚线将数据流图分成 I、P、O 三块。

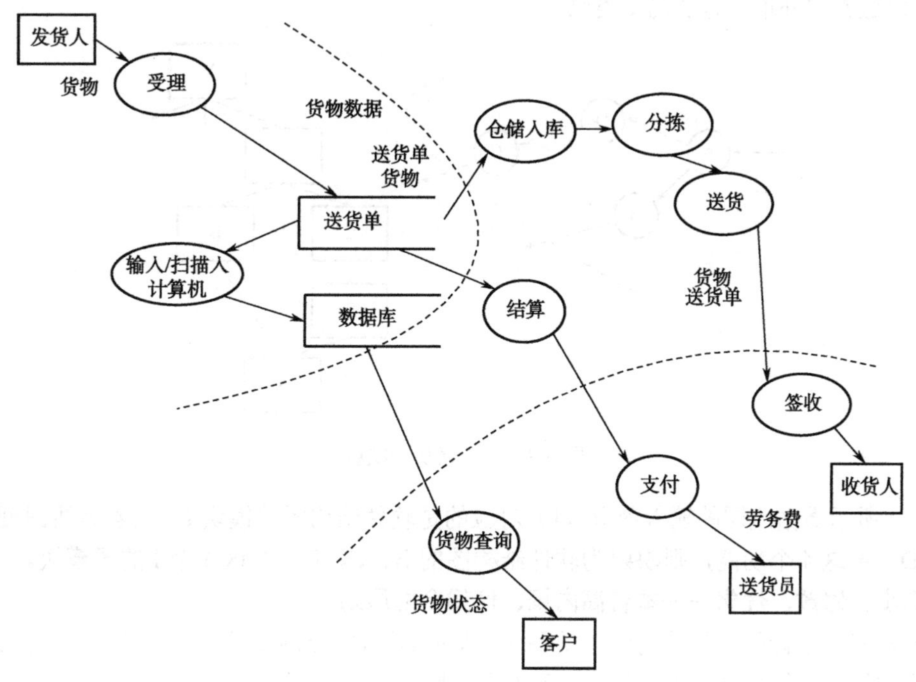

图 3.7　数据流图的分界

第二步：映射

将上步的数据流图先按I、P、O三块分别映射出软件结构设计图的输入处理、业务处理、输出处理三个模块，具体映射方法如图3.8所示。

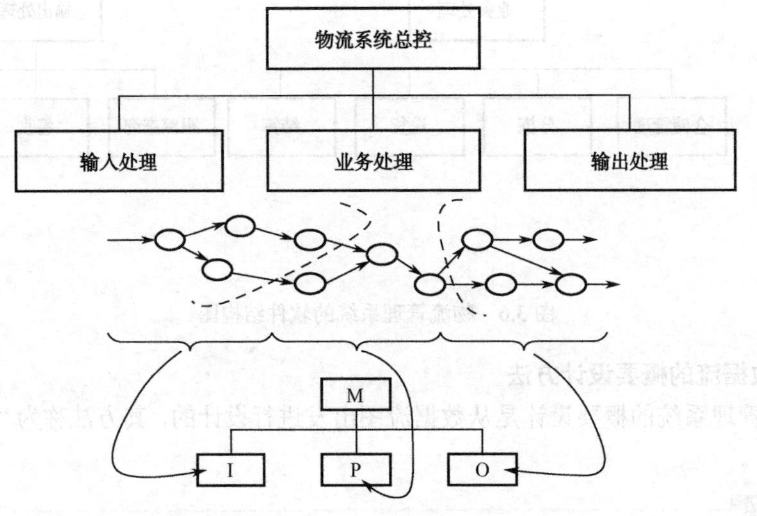

图3.8　数据流图向软件结构设计图的映射

第三步：各子模块的确定

第二步只获取了软件结构的I、P、O三大块的设计，但还有许多功能需要进一步映射各子模块，如图3.9所示。这样的映射从3个方面进行。

I：由边界向回溯，将每个遇到的处理器映射成相应层的模块。

P：每个处理直接对应一个下层模块。

O：由边界向外推，方法与I类似。

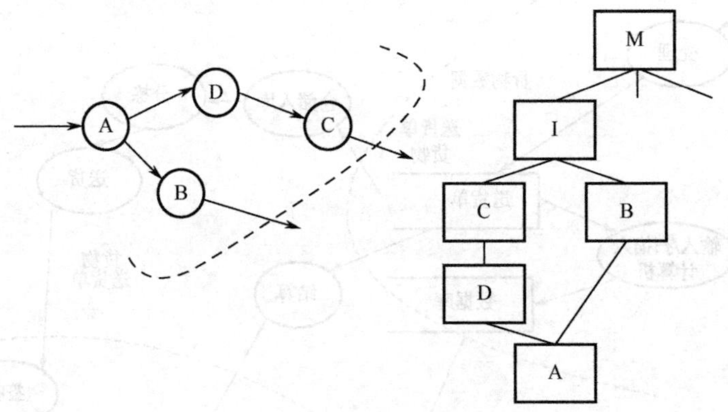

图3.9　各子模块的映射

图3.9所示数据流图的输入部分（I）对应的是软件结构图的模块I。沿着虚线回溯，遇着B、C、D、A这4个功能，则映射为软件结构图的B、C、D、A这4个I的子模块。

第四步：修改、优化——本着高内聚、低耦合的原则

按照前三步设计的软件结构图就是图3.6表示的设计，最后对该设计进行优化与修改。在概要设计过程中对软件结构进行精化，可以导出不同的软件结构，然后对它们进行比较和评估，力求最终得到更优化的设计结果。

通过上述四步，物流管理系统的软件设计结果如图 3.6 所示。

3.3　软件模块的详细设计

上述概要设计是对软件的结构，即软件的模块及其关系进行建模，是对软件高层的抽象。而软件的详细设计是进一步对模块进行具体化，更接近于代码的设计，所以详细设计又称过程设计或算法设计。概要设计与详细设计任务的区别与联系如图 3.10 所示。

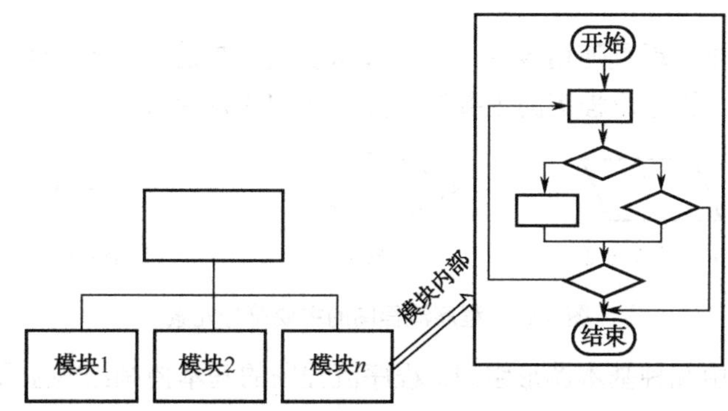

图 3.10　概要设计与详细设计任务的区别与联系

软件开发知识：软件的详细设计

概要设计确定软件的各个模块及它们的组成关系，而详细设计则确定每个模块内部的处理逻辑与算法。

3.3.1　详细设计的任务

详细设计的目标是将概要设计模型中的模块内部翻译成可运行程序的范本，可以用图形、表格或伪代码等形式表示，给出软件各个模块的详细过程描述，程序员可以根据这些过程描述编写程序。

详细设计更接近于源代码，它确定每一个模块的内部特征，包括模块的内部数据结构和处理算法的细节。在详细设计过程中，一般需要完成下述工作。

（1）软件各模块内部的算法以及内部数据组织。

（2）用某种表达形式或图形工具表达这些算法。

（3）对数据库的逻辑设计进行物理设计，即针对某种数据库的具体要求、物理细节、存取方式、索引等进行规定与设计。

（4）编写详细设计说明书并进行评审。

软件设计是对模块的处理代码进行设计，一般这些代码比较复杂，需要在编写之前确定其最佳实现方案，即所谓的详细设计。如果该代码比较简单，不进行设计也可以，即可将这部分工作交给程序员在编码时完成。如果需要进行详细设计，如通过设计可以达到节省开发费用、降低资源消耗、缩短开发时间等目的，则需要对程序进行重点的详细设计。另外，详细设计的方案选取可以选择那些提高生产效率、可靠性、可维护性的设计方案。

3.3.2 详细设计的工具

详细设计又称程序过程设计或算法设计。表示详细设计的工具有许多种，常见的有：程序流程图、N-S 图、PAD 图、伪代码、判定表等。这些工具均能表示程序设计的顺序结构、选择结构、循环结构等，以及这些结构的复合操作，从而可以表示模块过程处理的详细算法。

小提示：详细设计工具，如程序流程图、N-S 图、PAD 图、伪代码，均能表示软件模块内部处理中各个模块的编码，包括顺序结构、选择结构、循环结构、子模块的调用等；还可以表示这些模块的嵌套处理。它们表达形式不同，但表达内容相同，表达能力各有优缺点。

1. 程序流程图

程序流程图是最早出现且使用较为广泛的算法表达工具之一，能够有效地描述问题求解过程中的程序逻辑结构。程序流程图的主要符号元素如图 3.11 所示。

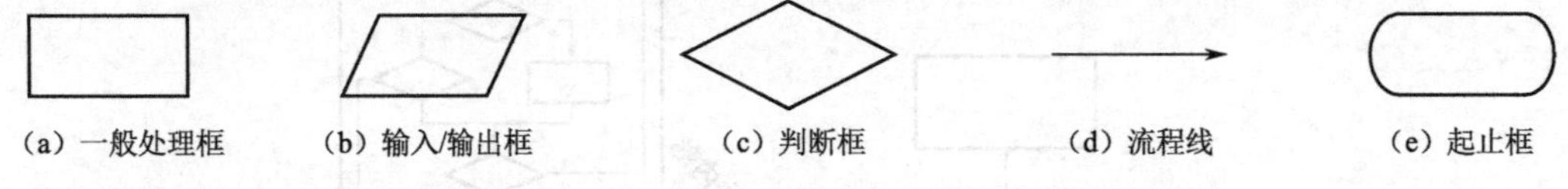

图 3.11 程序流程图的主要符号元素

一个程序流程图由几种基本图形组成。程序流程图的基本控制结构主要有 5 种，如图 3.12 所示。

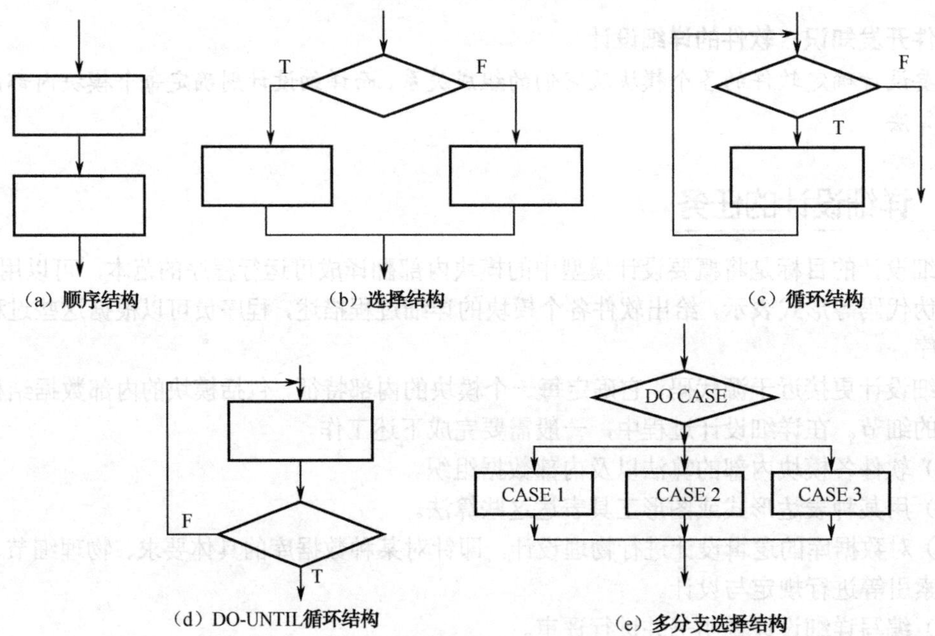

图 3.12 5 种基本控制结构的程序流程图

前 3 种是基本的程序流程图符号，后两种为补充符号。结构化程序设计的优点就是程序的控制只需要用前 3 种符号就可以完全表示。为了使程序结构的表示不混乱，程序流程图严格地定义了其如图 3.11 所示的图形元素，不允许人们随心所欲地画出各种不规范的流程图，只限制使用所规定的 5 种基本控制图形结构。程序流程图表示的详细设计如图 3.13 所示。

程序流程图对程序的控制流程描述直观、清晰，使用灵活，便于阅读和掌握等优点。但程序流程图也存在一些明显的缺点：如它可以随心所欲地使用流程线，容易造成程序控制结构的混乱，与结构化程序设计的思想相违背；程序流程图难以表示系统中的数据结构，难以描述逐步求精的过程，容易导致程序员过早考虑程序的控制流程，而忽略程序全局结构的设计。

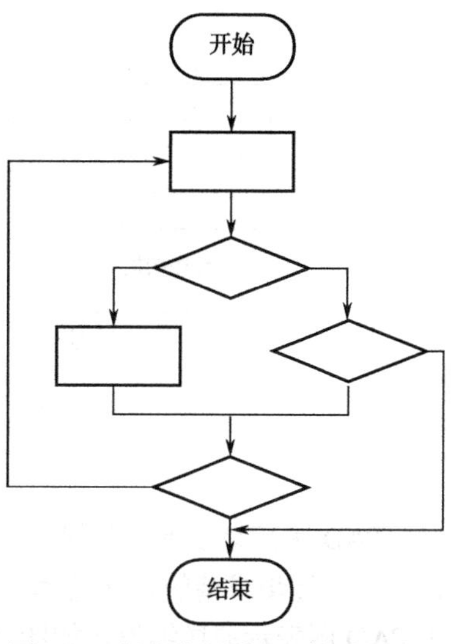

图3.13 程序流程图表示的详细设计

2. N-S图

N-S 图又称盒图，是为了保证结构化程序设计而由 Nassi 和 Shneiderman 共同提出的一种图形工具。N-S 图用类似盒子的矩形框描述结构化程序设计过程，还可以清晰地表达结构中的嵌套及模块的层次关系。N-S 图具有无流程线、不可能随意转移控制的特点。N-S 图的基本图形有如图 3.14 所示的 6 种。

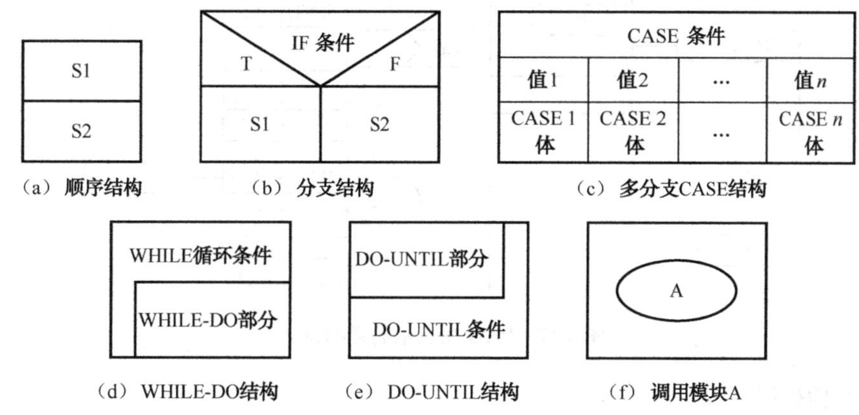

图 3.14 N-S 图中基本控制结构的表示符号

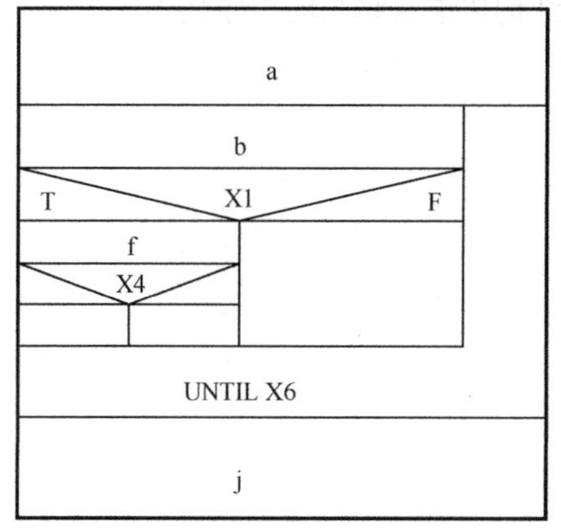

图 3.15 N-S 图表示的详细设计

N-S 图也有一些缺陷，如当所描述的程序嵌套层次较多时，N-S 图的内层方框会越画越小，从而影响可读性与继续画图；另外，由于 N-S 图是方框之间的嵌套，它具有不易修改性的缺点。用 N-S 图表示的详细设计如图 3.15 所示。

3. PAD 图

PAD（Problem Analysis Diagram，问题分析图）是继程序流程图和 N-S 图后，由日立公司在 20 世纪 70 年代提出的用于结构化程序描述的工具。

PAD 图采用易于使用的树形结构图形符号，它具有利于清晰地表达程序结构、便于修改等优点。PAD 图表示的基本程序结构如图 3.16 所示。

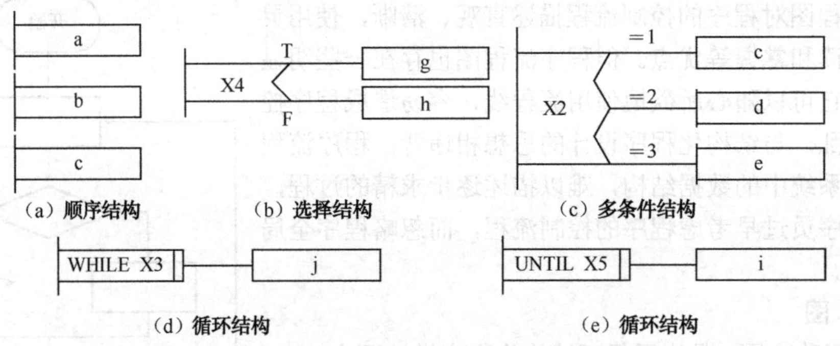

图 3.16 PAD 图的基本控制结构

PAD 图具有以下一些优点：层次清晰，逻辑结构关系直观、易读、易记、易修改；支持自顶向下、逐步求精的设计过程；既能够描述程序的逻辑结构，又能够描述系统中的数据结构。用 PAD 图表示的详细设计如图 3.17 所示。

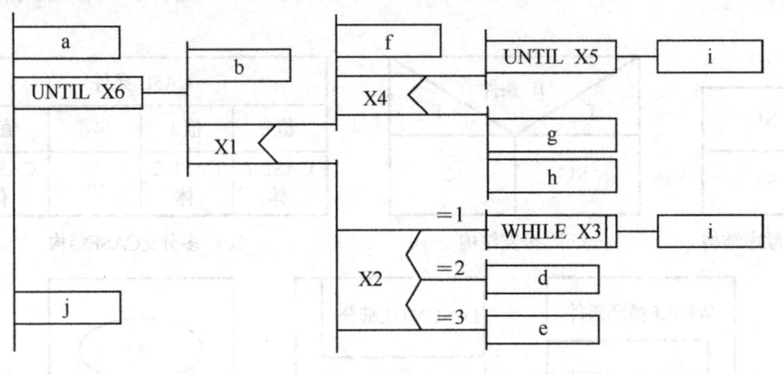

图 3.17 PAD 图表示的详细设计

4. PDL 伪代码

PDL（Process Design Language，过程设计语言）是一种用于描述程序算法和定义数据结构的伪代码。它兼有自然语言和结构化程序设计语言语法的“混合型”语言。PDL 语法结构严格，并且处理过程描述更加具体详细。PDL 更容易过渡到结构化语言编写的程序代码。

PDL 表示的基本程序控制结构如下：

（1）顺序结构。

顺序结构的语句序列采用自然语言进行描述。

```
    语句序列 S1
    语句序列 S2
        ……
    语句序列 Sn
```

（2）选择结构。

① IF-ELSE 结构。

```
IF 条件                                  IF 条件
    语句序列 S1          或                   语句序列 S
ELSE                                      ENDIF
```

```
    语句序列 S2
ENDIF
```

② 多分支 IF 结构。

```
IF 条件 1
    语句序列 S1
ELSEIF 条件 2
    语句序列 S2
        ……
ELSE
    语句序列 Sn
ENDIF
```

③ CASE 结构。

```
CASE 表达式 OF
CASE 取值 1
     语句序列 S1
CASE 取值 2
     语句序列 S2
        ……
ELSE 语句序列 Sn
ENDCASE
```

（3）循环结构。

① FOR 结构。

```
FOR 循环变量=初值 TO 终值
     循环体 S
END FOR
```

② WHILE 结构。

```
WHILE 条件
     循环体 S
ENDWHILE
```

③ UNTIL 结构。

```
REPEAT
     循环体 S
   UNTIL 条件
```

PDL 具有以下主要特点：各种定义语句及控制结构的表达都具有严格的语法形式，使程序结构、数据说明等更加清晰；提供了数据说明机制，可用于定义简单或复杂的数据结构；提供了模块的定义和调用机制，方便了程序模块化的表达。

5. 判定表

判定表主要用于复杂的多重嵌套条件选择情况，它用表格的形式清晰地表示这种复杂的选择。例如物流管理系统的报价很复杂，一个货物的运费，是由送达的地点、重量、是否保价等因素来判断的。

例如，某物流公司的物流费计算规则是：

如果运到省内且重量不大于 2 千克的每件 10 元，如果运到省外则每件 12 元；如果大于 2 千克，则每增加 1 千克省内加价 4 元，省外加价 6 元；如果有保价，每件加价 6 元。

该计算货物运费的算法是复杂的嵌套条件选择情况，用表 3.1 的判定表可以比较清晰地表示其计算算法，依据其编写多条件的选择程序代码也方便。

表 3.1　物流费用计算判定表

	可能方案	1	2	3	4	5	6	7	8
条件	目的地在外省	N	Y	N	Y	N	Y	N	Y
	重量≥2 千克	N	N	Y	Y	N	N	Y	Y
	货物保险	N	N	N	N	Y	Y	Y	Y
结果：价格计算	起价 10 元	√							
	起价 12 元		√						
	起价 10 元+4×（重量−2）			√					
	起价 12 元+6×（重量−2）				√				
	起价 10 元+6 元保费					√			
	起价 12 元+6 元保费						√		
	起价 10 元+4×（重量−2） +6 元保费							√	
	起价 12 元+6×（重量−2） +6 元保费								√

判定表可以分为 4 个部分。左上表示条件定义；右上表示条件取值的组合；左下表示动作定义；右下表示在条件取值的组合下执行的动作。判定表可以很清楚地描述复杂处理选择条件下的各种处理情况。

判定表表示复杂的选择逻辑，既可以作为该逻辑处理的设计表示，也可以用于分析该种类型的复杂处理逻辑，所以也是分析工具，通过判定表可将某个复杂的处理分析与表达清楚。

3.4　软件设计原则

其实，软件设计的结果不是唯一的，也就是说不同的人会有不同的满足需求的设计结果。但这些设计结果可能存在“好”与“不好”的设计问题，就需要对设计结果进行比较与评估。如何评估一个软件设计是好的还是不好的呢？需要有评估标准，这些评估标准就是所谓的软件设计原则。

软件开发知识：软件设计原则

软件设计原则是我们在软件开发中必须遵守的一些原则，否则我们开发的软件会对今后的扩展与维护带来很多困难，软件的质量也难以保证。

3.4.1　模块与模块独立性

软件设计一条重要的原则就是模块独立性原则。所谓模块就是完成某个相对独立功能的代码或代码段。人们发现，如果把软件分成几个模块，每个模块完成一个子功能，把这些模块集中在一起组成一个整体，可以完成指定的功能。这样，将一个整体功能分成几个模块共同完成，即所谓的模块化，它是人们解决问题的手段。模块可大可小，可以嵌套，它们之间可能存在各种各样的关系。而模块的独立性反映的是这些模块之间的关系程度。

软件系统的层次结构正是模块化的具体体现。整个软件被分解为几个相对独立的模块，就可以将一个大的复杂问题分解成几个简单的、易于理解的小模块，从而利于逐步解决。

所谓模块的独立性，是指软件系统中的每个模块只涉及软件所要求的具体子功能，而与软件中其他模块的联系简单。

模块独立性具有相对性，即独立程度不同。人们通过模块之间的耦合性和内聚性来衡量模块的独立性。人们追求高模块独立性的设计，尽量避免低独立性的设计。

判断模块独立性的指标有：

（1）模块的耦合性。

（2）模块的内聚性。

3.4.2　模块的耦合性

模块的耦合性用来衡量模块之间的相对独立性（互相连接的紧密程度），它反映所设计的模块之间的复杂程度。一般模块之间可能的连接方式有 7 种。

（1）内容耦合：如果一个模块访问另外一个模块的内部数据；或者一个模块不通过正常入口转到另外一个模块内部；或者两个模块有部分代码重叠；或者一个模块有多个入口，则两个模块发生了内容耦合。内容耦合是耦合强度最强的耦合。具有内容耦合的模块之间的独立性最弱。

（2）公共耦合：若一组模块都访问一个公共的数据区域，则它们之间的耦合就是公共耦合。公共数据区域可以是全局数据结构、共享的通信区等。

（3）外部耦合：一组模块都访问一全局简单变量而不是同一数据结构，而且不通过参数表传递该全局变量的信息，则称为外部耦合。

（4）控制耦合：如果一个模块通过传送开关、标志、名字等控制信息，明显地控制另外一个模块的功能，就认为是控制耦合。

（5）标记耦合：如果一组模块通过参数表传递记录信息，就是标记耦合。其实，此时这组模块共享了某一数据结构的子结构而不是简单变量。这组模块需要清楚该记录的结构，并按结构要求对记录进行操作。

（6）数据耦合：如果一个模块访问另一个模块时，彼此之间通过数据参数来交换输入、输出信息，则称这种耦合为数据耦合。数据耦合是松散的耦合，模块之间的独立性比较强。

（7）非直接耦合：如果两个模块之间没有直接关系，它们之间的联系完全是通过主控模块的控制和调用来实现的，这就是非直接耦合。非直接耦合的耦合程度最弱，模块之间的独立性最强。

各种耦合方式的耦合性和模块独立性强弱如图 3.18 所示。

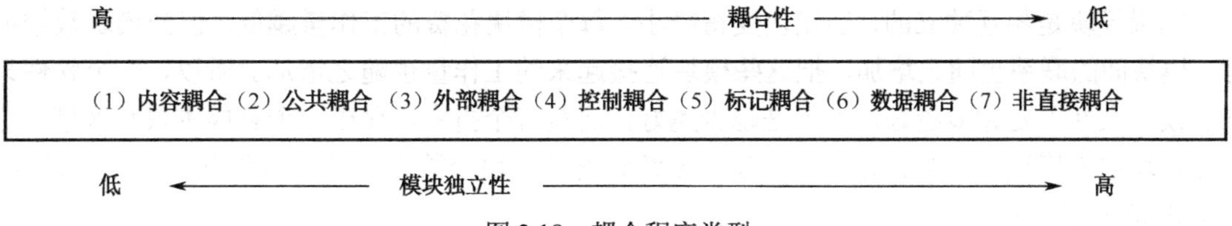

高 ——————————— **耦合性** ———————→ **低**

（1）内容耦合（2）公共耦合（3）外部耦合（4）控制耦合（5）标记耦合（6）数据耦合（7）非直接耦合

低 ←——————— **模块独立性** ———————→ **高**

图 3.18　耦合程度类型

3.4.3 模块的内聚性

模块的内聚性是模块功能强度（一个模块内部各个元素彼此结合的紧密程度）的衡量，也是模块独立性的另一种指标。一般模块的内聚性分为 7 种类型。

（1）巧合内聚：当几个模块内部凑巧有一些代码相同，又没有明确表现出独立性的功能时，把这种模块独立性的模块称为巧合内聚模块。巧合内聚模块是内聚成堆最低的模块。它具有不易理解、不易修改、不易维护等缺点。

（2）逻辑内聚：逻辑内聚的模块把几种相关的功能组合在一起，每次调用时由传送给模块的控制参数来确定该模块执行哪一种功能。逻辑内聚模块比巧合内聚模块的内聚程度高，至少它表明了各部分之间的功能关系。

（3）时间内聚：具有时间内聚的模块大多为多功能模块，要求模块的各功能必须在同一时间段执行，如初始化模块和终止模块。

（4）过程内聚：使用流程图作为工具设计程序的时候，往往通过流程图来确定模块的划分。把流程图中的某一部分划出组成模块，就得到过程内聚模块。

（5）通信内聚：如果一个模块内各功能部分都使用了相同的输入数据，或产生了相同的输出数据，则称为通信内聚模块。通常，通信内聚模块通过数据流图来定义。

（6）信息内聚：这种模块定义了多个功能，各个功能都在同一数据结构下操作，每一项功能都有一个唯一的入口。信息内聚模块的内聚强度较高。

（7）功能内聚：如果一个模块中各个部分都是为完成一项具体功能而协同工作，紧密联系，不可分割的，则称该模块为功能内聚模块。功能内聚模块是内聚性最高的模块。

各种内聚方式的内聚性和模块独立性强弱如图 3.19 所示。

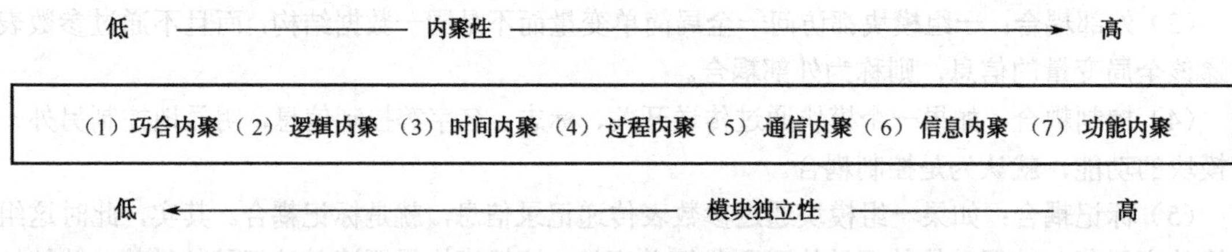

图 3.19 内聚程度类型

模块之间的联系越紧密，耦合性就越高，而其模块的独立性就越弱。一个模块内部的各元素越紧密，它的内聚性就越高，相对地与别的模块之间的耦合性就会降低，而模块的独立性就越强。因此，我们追求的软件设计的模块独立性强的模块，是高内聚、低耦合的模块。

3.4.4 模块的规模、大小适中原则

1. 模块的规模

如果模块是相互独立的，当模块变得越小，每个模块花费的工作量越低；但当模块数增加时，模块间的联系也随之增加，把这些模块连接起来的工作量也随之增加。所以，一个软件系统的模块数并不是越多越好，也不是越少越好，而是有个折中，存在一个总成本最小区域，这就是模块的规模适中原则。存在一个软件系统分解的模块个数 M，使得软件开发总成本最少，如图 3.20 所示。

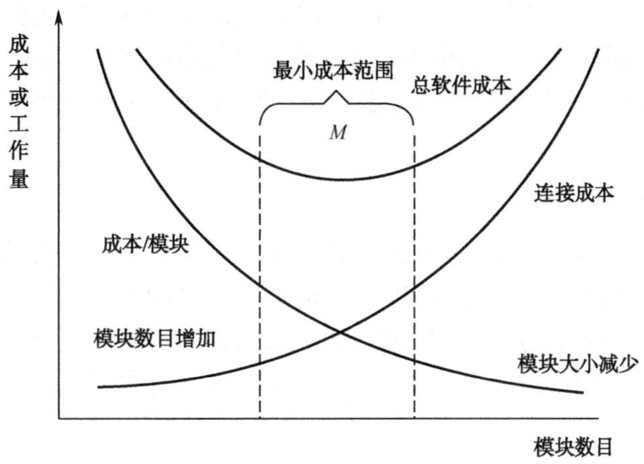

图 3.20　模块划分数与成本关系

2. 控制层次适中的原则

控制层次也叫程序结构，它表明了程序模块构件的组织情况。控制层次往往用程序的层次（树形）结构来表示，如图 3.21 所示。

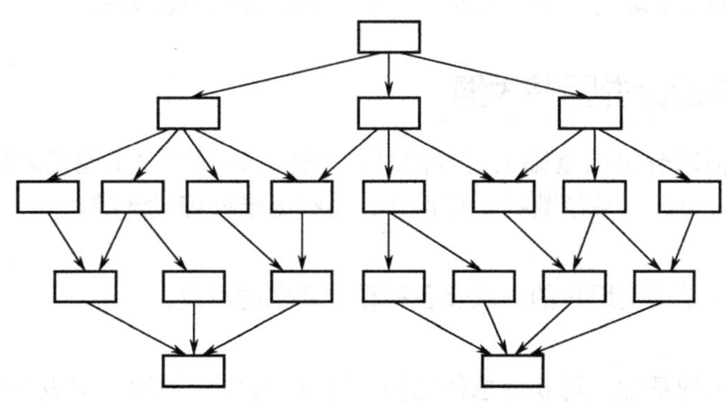

图 3.21　软件结构图

在软件设计的树形结构图中，有宽度、深度、扇出、扇入等数量。软件层次结构的层次数是结构的深度；层次结构中同一层最大模块数是结构的宽度；某一个模块中调用其他模块的数目是扇出，它是从该模块出发指向其他模块的箭头数；扇入则是某个模块被调用的主模块数目，它是指向它的箭头数目。

人们发现，这些控制层数量太多与太少都不好，有个控制层适中原则问题，它包括深度适中、宽度适中、扇出与扇入适中。什么数目才是适中呢？通过经验，人们发现如果数量在 5～9 之间，处理起来比较简单，所以人们总结出适中的“7±2 原则”。软件控制层次适中的“7±2 原则”就是软件结构的深度、宽度的数量最好控制在 5～9 之间。

3.4.5　信息隐藏和局部化的原则

虽然进行软件设计时模块需要满足独立性原则，但软件系统中的各个模块之间还是有各种各样的联系的，它们之间会进行各种交互活动。在设计模块的交互细节时，要满足信息隐蔽和局部化原则。

信息隐蔽是指每个模块的实现细节对于其他模块来说是隐蔽的，也就是说，模块中所包含的信息（包括数据和过程）不允许其他不需要这些信息的模块使用。具体信息隐蔽的实现可以通过局部化，即局部的信息或处理过程，通过局部化的控制使其对其他不需要的地方不可见。

3.4.6 抽象性的原则

对软件进行模块设计时，可以有不同的抽象层次。在高层次的抽象层次上，以及比较低的层次上，可以使用不同的表达形式与描述方法。设计时，这些不同层次的抽象及抽象的表达有：过程抽象、数据抽象、控制抽象等。如果把不同抽象层次的问题混在一起，则理解起来比较困难。抽象性的原则就是在不同的设计抽象层次进行不同的表达与描述。

3.5 软件设计说明书

软件设计包括概要设计与详细设计，因此软件设计说明书也有概要设计说明书和详细设计说明书。具体编写格式见附录 A：计算机软件开发文件编制指南（GB/T8567—1988）中第二部分“概要设计说明书的编写”和第三部分“详细设计说明书的编写”。

3.5.1 软件概要设计说明书大纲

概要设计是在需求分析的基础上进行的总体设计，其说明书主要描述软件设计的总体目标、总体设计、接口设计、系统数据结构设计、系统出错处理设计等。

1. 总体目标

设计的总体目标是满足用户的需求及各种设计要求与约定。

2. 总体设计

在介绍相应需求的基础上对软件总体结构设计进行说明，如用一览表和层次框图的形式进行设计的说明。软件系统的各系统元素，如各层模块、子模块、公用模块等，包括如何划分、程序命名、功能的描述等，还可分层次地给出各元素之间的控制关系。

3. 接口设计

接口设计包括用户接口、外部接口、内部接口的设计。

4. 系统数据结构设计

系统数据结构设计包括数据的逻辑和物理设计的描述。逻辑设计描述包括本系统内所使用的每个数据结构的命名以及它们之中每个数据项的定义、长度及它们的相互关系。物理设计描述包括系统内所使用的每个数据结构中的每个数据项的存储要求、访问方法、存取单位、存取的物理关系等。

另外，还可说明各个数据结构与访问这些数据结构的各个程序之间的对应关系。

5. 系统出错处理设计

系统出错处理包括出错信息、补救措施和系统维护设计。

3.5.2 软件详细设计说明书大纲

详细设计是在概要设计的基础上进一步对程序内部的处理细节进行设计。详细设计说明书描述系统的程序结构及对各个程序的描述。

1．软件系统的结构图

用一系列图表列出本程序系统内的每个程序（包括每个模块和子程序）的名称、标识符和它们之间的层次结构关系。

2．每个程序模块的详细说明

逐个给出各个层次中的每个程序的设计考虑与说明。通过程序描述、功能、性能、输入项、输出项、算法、流程逻辑、接口、限制条件等的设计说明，对该模块的详细设计进行具体说明。

小 结

本章介绍了软件设计的概念、软件设计的必要性等，并介绍采用传统的结构化设计方法对软件进行设计。

传统的结构化设计方法是根据数据模型（E-R 图）来设计数据库；根据功能模型（数据流图）来设计软件结构，即软件由哪些模块组成，它们之间的关系如何。软件结构设计属于概要设计，而如果将模块内部结构的处理过程设计出来，则属于详细设计。详细设计工具有程序流程图、N-S 图（盒图）、PAD 图、判定表、伪代码等。

本章还介绍了软件设计原则，软件开发时如果不按照设计原则进行设计，则开发的软件会有许多缺陷，给将来的使用和维护带来很多困难。软件设计原则有软件的模块独立性原则。模块独立性可由模块的耦合性和模块的内聚性表示。另外还有模块的规模、大小适中原则，信息隐蔽和局部化原则，抽象性原则等。

软件的设计要用软件设计说明书描述出来，本章介绍了软件设计说明书的书写格式及要求。

习 题

一、填空题

1．软件的需求分析解决了软件应该“做什么”的问题，而软件设计则解决软件应该_________的问题。

2．软件设计能指导软件的编码实现，没有设计的编码，其结果很难预料与保证，所以说软件设计是软件开发的关键，直接影响软件的________。

3．软件需求分析、软件设计、软件编码之间既有区别又有联系，它们是软件在不同层次的________。从________，从________是软件开发两个重要的过程进阶。

4．软件设计内容包括________、________、________等方面。

5．传统结构化软件设计是从 E-R 图出发设计________，从数据流图出发设计________。

6．详细设计是对软件模块________的设计，它更接近于编码，所以详细设计又称为过程设计或算法设计。

7．描述软件模块间相对独立性程度的指标有两种，它们是模块的_________和模块的________。

二、思考与简答题

1．软件设计的主要任务是什么？它与需求分析阶段及编码阶段的关系是什么？

2．软件设计如何过渡到代码编写？

3．软件设计的内容主要有哪些？

4．如何从 E-R 图设计数据库的逻辑结构？如何从数据流图设计软件结构？

5．详细设计工具有哪些？各有什么优缺点？

6．软件设计原则有哪些？模块独立性原则的含义是什么？

试一试：用传统方法对软件进行概要设计

实训一：对“学生管理系统”进行软件概要设计

（一）实训内容与实验环境

要求从第 2 章需求分析的结果出发，用传统的软件设计方法对“学生管理系统”进行概要设计、数据库设计及设计说明。具体包括以下任务。

任务 1：通过“学生管理系统”需求分析中的数据模型设计其数据库的逻辑结构。

任务 2：通过“学生管理系统”的功能模型设计其软件结构图，确定有哪些功能模块。

任务 3：编写学生管理系统软件的概要设计说明书。

实验环境：

- Microsoft Windows。
- Microsoft Word。

（二）实训方案与步骤

任务 1：学生管理系统数据库逻辑结构的设计

1．实训目的与要求

（1）理解软件设计的任务与方法。

（2）了解与掌握数据库设计方法。

2．实训方案

对学生管理系统进行数据库逻辑结构的设计：从需求分析中的数据模型出发设计数据库逻辑结构。

3．实训步骤

“学生管理系统”的软件设计步骤：

（1）分析与理解学生管理系统的数据模型（E-R 图），完善实体的属性。

（2）从该 E-R 图出发，设计系统的数据库逻辑结构，即有哪些表，它们的字段是什么，补上相关的 ID 字段及相应的字段。

任务 2：对“学生管理系统”进行软件结构设计

1．实训目的与要求

（1）理解软件设计的任务与方法。

（2）了解与掌握软件结构设计方法。

2．实训方案

对学生管理系统进行软件结构的设计：从需求分析中的功能模型出发进行软件结构设计。

3．实训步骤

用传统的面向数据流的设计方法对“学生管理系统”的软件设计，是从需求分析中的功能模型出发进行软件结构设计。从数据流图出发，根据面向数据流的4个步骤进行软件结构的设计，其步骤为：

（1）将数据流图变形，并分为I、P、O三块。

（2）将I、P、O三块对应软件结构的三大块：输入处理、业务处理、输出处理。

（3）分别将I、P、O三块的子模块进行确定。

（4）修改与优化，对已经设计好的软件结构进行修改、完善与优化。

任务3：软件概要设计说明书的编写

1．实训目的与要求

（1）理解软件设计的任务与过程。

（2）了解软件概要设计说明书的格式。

（3）会编写软件概要设计说明书。

2．实训方案

软件概要设计说明书是从需求分析说明书出发，通过软件结构的设计、数据库结构的设计，然后通过该说明书进行表达。具体内容有：

（1）描述设计目标，即描述满足用户的需求及各种设计要求与约定。

（2）软件结构的设计，即在介绍相应需求的基础上对软件总体结构设计进行说明。

（3）数据库设计，包括数据的逻辑设计和物理设计的描述。

（4）按标准格式编写软件概要设计说明书。

3．实训步骤

综合上述任务1～任务2，再根据“计算机软件开发文件编制指南（GB/T8567—1988）”“第二部分 软件设计说明书的编写”，编写“学生管理系统”的软件概要设计说明书。

（1）系统需求的确定。

（2）通过“学生管理系统”的功能模型设计其软件结构图，画出功能模块。

（3）通过“学生管理系统”需求分析中的数据模型（即E-R图），设计数据库逻辑结构。

（4）根据标准模板格式编写“学生管理系统”概要设计说明书。

试一试：算法的详细设计

实训二：对“学生管理系统”进行详细设计

（一）实训内容与实验环境

详细设计是对软件概要设计中的各个模块内部的处理过程进行设计，然后通过程序流程图、N-S图、PAD图、判定表/树或伪代码之一进行表示。本实训要求学生了解详细设计的任务、与概要设计的关系，以及详细设计的表达。具体包括以下任务：

（1）确定软件详细设计的任务与内容。

（2）通过详细设计工具，如程序流程图、N-S图、PAD图、判定表/树或伪代码，表达一个简单程序的过程设计（即详细设计）。

实验环境：

● Microsoft Windows。

● Microsoft Word。

（二）实训方案与步骤

任务 1：确定详细设计的内容与任务

1．实训目的与要求

（1）体会软件设计与软件编码的关系。

（2）体会软件设计的过程与内容。

（3）确定软件详细设计的内容与任务。

2．实训方案

（1）总结前面“学生管理系统”的设计（概要设计等），然后结合以前接触的某个软件项目的实现与编码，确定还需要哪些设计才能进行编码。

（2）确定详细设计的任务。从上述概要设计的内容逐步到软件编码的细化，就是详细设计。完成用适当的文字、表格与图形等描述的设计就是详细设计的任务。

3．实训步骤

（1）从某个软件项目的某个程序，通过详细设计工具表达出来的设计就是详细设计。学生可以先从这里出发理解详细设计。

（2）表达一个系统的详细设计，可从界面、数据库、程序模块结构、程序处理逻辑等方面进行表达与描述。

（3）用适当的文字、表格与图形等描述上述详细设计。

4．思考题

（1）软件设计与软件编码的关系是什么？

（2）如何表达一个已有项目的设计内容？请根据自己一个已有的项目进行设计资料的编写。

任务 2：详细设计实训

素数也称为质数，是不能被从 2 开始到比自己小 1 的任何正整数整除的自然数。有一个用筛选法获取 1～100 之间素数的程序，其算法与代码如下：

（1）构造外循环，得到一个 1～100 之间的数 i（为了减少循环次数，可跳过所有偶数）。

（2）构造内循环，得到一个 2～m 之间的数 j，令 m＝sqrt（i）。

（3）内循环结束后，判断 j 是否大于等于 m+1，若是，则 i 必为素数，打印输出该素数；否则再次进行外循环。

该算法的 Java 程序实现如下：

```
public class sushu {
        public static void main(String[] args) {
        int n=0, m, i, j;
        for(i=3; i<=100; i+=2){
        m=(int)Math.sqrt((double)i) ;
        for(j=2; j<=m; j++){
        if((i%j)==0) break;
        }
    if(j>=m+1){
    if(n%6==0) System.out.print("\n");
            System.out.print(i+" ");
```

```
            n++;
        }
    }//wai xun huan
    }
    }
```

用 N-S 图或 PAD 图将该算法的详细设计表达出来。

1．实训目的与要求

（1）体会详细设计与程序编码的关系。

（2）掌握详细设计过程与表达工具。

2．实训方案与步骤

分析上述求素数的 Java 程序，用 N-S 图或 PAD 图将其详细设计表达出来。

3．思考题

（1）详细设计与软件编码的关系是什么？

（2）如果改造上述求素数的程序，要求设计一个用户输入界面，用户可以输入一个正整数，然后程序打印 1～100 之间的素数，请用 N-S 图或 PAD 图对该程序进行详细设计。

第4章 用对象的观点与方法进行分析建模

学习目标

[知识目标]

■ 了解面向对象方法、面向对象需求分析与分析模型的构成。
■ 理解利用用例方法进行面向对象的分析模型的建立过程。
■ 了解 UML 建立系统的分析模型，重点是用例图、类图、顺序图 3 种图的含义及建立过程。
■ 了解业务领域对象模型的建立过程，即业务领域的类图中类的获取、类属性的建立、类之间的关系及类型。
■ 理解利用顺序图进行类方法的定义，从而完善分析类图。

[能力目标]

■ 能采用用例方法对系统进行面向对象的分析与建模。
■ 会画用例图对系统进行用例分析与用例建模。
■ 会寻找业务系统的类、确定类的属性，会用类图进行对象建模。
■ 会画顺序图等进行动态模型的建立。

4.1 概述

1. 面向对象分析与面向对象分析模型

第 2 章已经介绍了软件需求、需求分析的任务及过程，且介绍了传统的需求分析方法和需求分析过程中建立的分析模型。这些内容是指导今后软件设计的基础与前提。有了这些需求，软件的设计与实现就有了现实的目标。

但是，软件需求模型的建立还有另外一种方法，即采用面向对象的分析方法建立分析模型，也就是说通过面向对象的分析模型表达用户的需求。

面向对象的开发方法就是采用面向对象的技术与工具，按照面向对象的软件开发步骤进行软件开发。面向对象的分析采用面向对象的分析技术与分析工具，按照面向对象的需求分析步骤进行需求分析和分析建模，确定需求并通过需求分析说明书表达出用户的需求。

小提示：不论用什么方法进行需求分析，用户的需求不变，只是采用的方法与描述工具不同而已。面向对象的分析主要是用对象的观点与方法进行需求分析，并用面向对象的工具与模型描述软件的需求。

与传统的结构化分析方法相同，面向对象的分析模型也包括静态模型、动态模型和功能模型 3 种。这 3 种模型分别用面向对象的类图、状态图和用例图来表示。

大部分读者可能已经学过面向对象的编程（OOP），知道面向对象的方法具有符合人类习惯的思维方法、稳定性好、可重用性好、可维护性好等优点。其实，面向对象的软件开发方法一个最大的好处就是软件的需求分析、软件设计和编码之间的过渡自然，差异性小，不容易失真，有利于大型软件的迭代开发。

软件开发知识：利用面向对象的软件开发方法进行需求分析和建模

传统的软件开发方法比较直观，具有一定的生命力，但各个模型之间的差异性很大，不利于大型的软件开发。而面向对象的软件开发方法对大型软件的开发具有很好的控制性，有利于软件的迭代开发。所以用面向对象的开发方法，大型软件开发的成功率较高，其基本原因是这些模型之间差异性小，过渡自然。

2. 采用“用例方法”进行面向对象的分析建模

用面向对象的方法进行需求分析，建立面向对象的分析模型。分析模型主要包括用例图、类图、顺序图、状态图、活动图等。下面就以物流管理系统为案例，介绍面向对象分析模型的建立步骤、建立方法及各种分析模型的图形工具。

面向对象的分析是利用“对象”的概念模型建立一个针对问题域的模型，再以该基于“对象”的问题域模型为基础，形成需求规格说明书。面向对象的分析常采用“用例方法”，即先通过业务系统描述获取系统的操作者（角色），然后分析操作者与系统的交互，下一步再分析操作的实体，及实体之间的动态交互细节。其中的元素概念，如操作者、系统的交互、操作的实体、实体之间动态交互细节等都对应相应的图形元素。

面向对象的“用例方法”的分析步骤如下：

（1）从应用系统的业务描述中进行分析，获取系统的操作者（即操作中有哪些角色）。

（2）分析操作者与系统的交互，获取系统用例，建立用例图。

（3）分析操作中的实体，获取业务领域基本分析类图。

（4）分析实体之间的动态交互细节、类的动态行为，建立顺序图、状态图等动态交互图，完善业务领域类的服务。

引导案例

对物流管理系统进行面向对象分析与建模

用面向对象的方法对物流管理系统进行需求分析并建立需求模型，然后以其为载体介绍面向对象分析过程、面向对象分析模型知识。建立面向对象分析模型包括用例图、类图和顺序图。

4.2 从业务描述出发建立系统的用例模型

第 2 章已经给出了物流管理系统的业务描述，面向对象需求分析的“用例方法”是从该业务描述出发，获取系统的角色或操作者、执行者（actor)，再逐步往下分析，即分别获取每个角色的用例、系统的静态实体、动态交互细节的模型，并逐步建立系统的相应分析图，构成了其面向对象的需求分析模型。

4.2.1 建立系统用例模型

1. 分析系统的操作者

用例方法的第一步就是从系统的业务描述出发，分析系统的操作者。操作者又称系统的角色或执行者（actor)，它表示系统用户能扮演的角色。

从第 2 章的物流管理系统业务描述中，可以分析出系统的操作者（或角色）有受理员、送货员、仓库出入库管理员、分拣员、结算员等。操作者一般用如图 4.1 所示的线条人表示。

操作者有不同的类型，可以从有哪些人使用或管理该系统，系统控制的硬件设备，与外部系统的接口等方面出发分析获取，它可能是人，也可能是外部设备或系统。

2. 分析每个操作者对应的用例

用例（use case）是操作者与系统进行交互的某些动作步骤的集合，每个用例都代表了系统与外部操作者的交互。当操作者给系统特定的刺激时，就可以用一个用例描述系统和操作者的交互与交互顺序，同时动作执行的结果能被指定操作者察觉到。用例的集合代表所有将会在系统中出现的交互。

用例表示为一个椭圆，使用不带箭头的线段将操作者与用例连接到一起，表示两者之间交换信息，或称为通信联系，如图 4.2 所示。

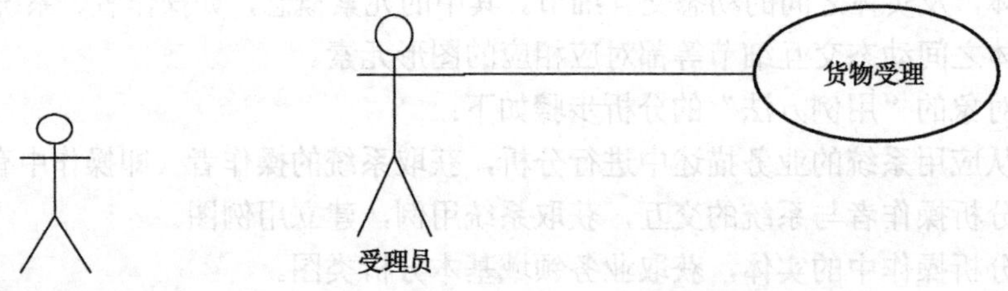

图 4.1 线条人表示系统的操作者

图 4.2 用例与操作者的通信联系

第一步已经分析了物流管理系统有 5 个操作者，每个操作者都至少对应一个与系统的交互活动，即每个操作者对应一个或多个用例。这些操作者与其用例及其通信就构成了系统的用例图。

案例实现

建立系统用例模型

用例是一种描述系统需求的方法，它描述系统外部的操作者与系统功能的交互。用例模型就是确定系统功能与系统环境的关系，它可以作为客户和开发人员之间的契约。用例模型是一种标准化的需求表述体系，通过用例模型的“用例驱动”可贯穿于软件开发活动的始

终，包括项目管理、分析设计、测试、实现等，用例模型奠定了整个系统软件开发的基础。

图 4.3 是物流管理系统的简单用例模型，它描述了系统的操作者与系统之间的交互与操作。

图 4.3 中的线条人表示操作者，椭圆表示该操作者对应的用例，操作者与用例的连线就是它们之间交互活动的通信。而方框表示系统，系统限定了该系统内部与外部的边界。

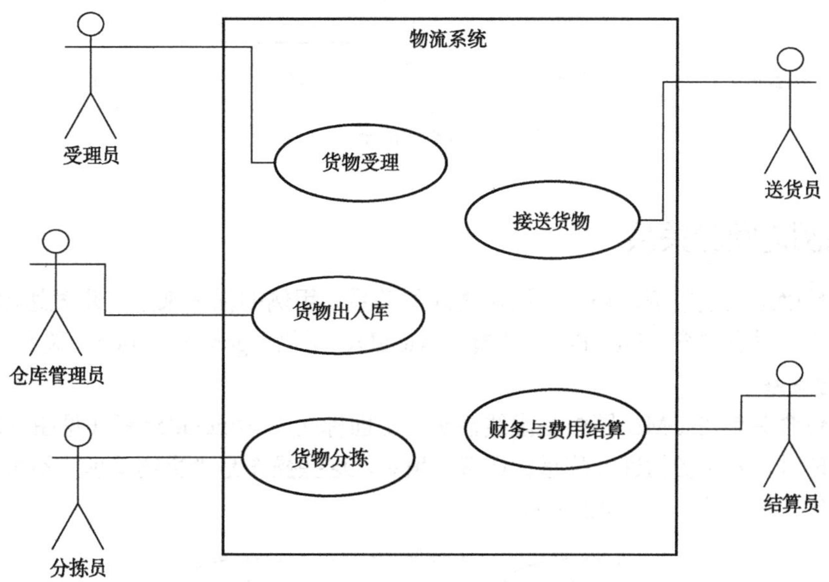

图 4.3　物流管理系统的简单用例模型

4.2.2　确定系统的用例

系统中确定用例的方法是，首先明确操作者或系统操作的角色，然后分析它的业务处理过程，确定系统所能反映的外部事件，把这些事件与参与的操作者和特定的用例联系起来。

用用例图进行分析时，先从系统的业务描述或说明中分析业务过程或日常行为，从这些说明中获得用例，并确定参与到用例中的执行者；也可以从现在的功能需求说明中获得用例。如果有些功能需求与用例不一致，就应考虑是否真的需要它们，不需要的功能需求则需要抛弃。另外，还可以通过用例的特征确定用例。

（1）捕获某些用户可见的需求，实现一个具体的用户功能目标来确定用例。

（2）用例由操作者（或角色）激活，并返回具体的值给操作者。

（3）用例可大可小，但它必须是对一个具体的用户目标实现的完整描述。

（4）用用例图符号画出用例图，基本符号如图 4.4 所示。

其实，用例和功能是完全不同的概念。用例是操作者和系统发生在系统边界上的动作序列，即操作者使用系统的过程。用例的目的是描述操作者如何使用系统来完成对他们“有价值、有意义的”活动。一般情况下，功能不对应用例，功能仅对应一个相对独立动作的处理，而用例使用或者访问某个功能，但我们可以通过用例模型来获取系统的功能列表。

另外需要强调的是，角色、用例可以从不同的层次来描述。系统的各层用例图的集合构成了系统的用例模型。用例模型也可认为是从另一角度描述了系统的功能模型，描述系统的用户功能需求。

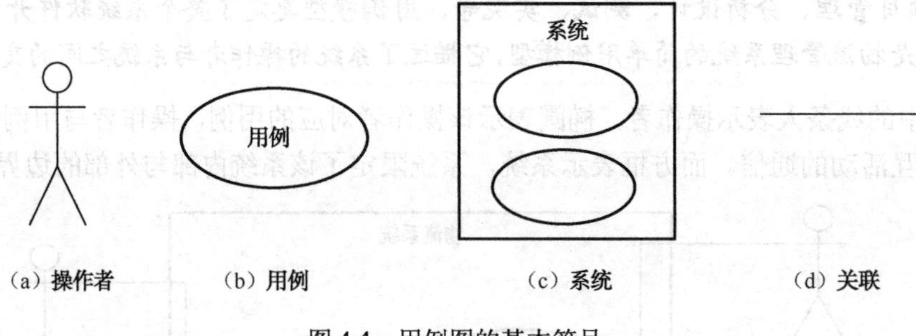

图 4.4　用例图的基本符号

4.2.3　用例之间的关系

如果要精确地表达用例，还可用用例之间的关系、用例的描述来进一步表达用例的细节。用例间的关系有包含（include）、扩展（extend）、泛化（generalization）关系。

1. 包含关系

用例的包含关系在 UML 图中是虚线箭头，上面标注“<<include>>”（见图 4.5（a））。例如在货物受理时，要对货物进行称重、计费、填单，这些操作是“货物受理”不可少的，那么它们就是“包含”关系（见图 4.5（b））。

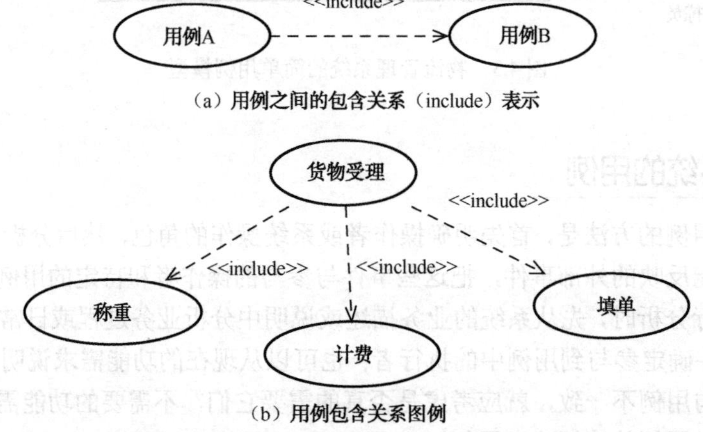

图 4.5　用例之间“包含”关系的图形表示

包含关系是通过在关联关系上应用<<include>>构造来表示的，它所表示的语义是指基础用例（如货物受理）会用到被包含用例（如计费等），具体地讲，就是将被包含用例的事件流插入到基础用例的事件流中。

如果用例之间是包含关系，如用例 A <<includes>>用例 B，表示没有了用例 B，用例 A 本身也就不完整了。例如，如果没有计算费用，则“货物受理”就没完成。

2. 扩展关系

用例的扩展关系在 UML 图中是虚线箭头，上面标注“<<extend>>”（见图 4.6（a））。例如，在货物受理时，可对货物进行包装、保价处理等，这些操作是“货物受理”的可选项，即没有货物的保价、不用木箱包装，那么货物受理同样可以完成。所以货物受理与“木箱包装”“保价办理”之间是“扩展”关系（见图 4.6（b））。

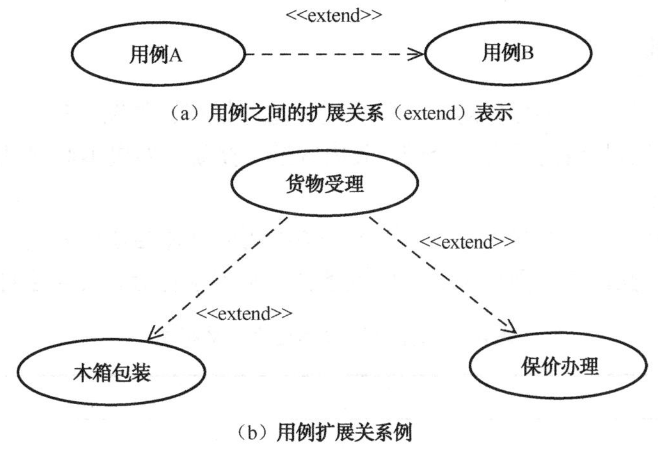

图 4.6 用例之间“扩展”关系的图形表示

扩展关系是通过在关联关系上应用<<extend>>构造来表示的，它所表示的语义是指基础用例（如货物受理）在某种特定条件下会用到用例（如保价办理等）。扩展用例的事件流往往可以抽象为基础用例的备选流。

如果用例之间是扩展关系，如用例 A <<extend>>用例 B，表示用例 A 可能用到用例 B；但不用用例 B，用例 A 也能完成。例如，不办理“货物保价”，“货物受理”也能完成。选用扩展关系将增值服务业务（如“木箱包装”“保价办理”）抽象成为单独的用例，可以避免基础用例过于复杂，并且把一些可选的操作独立封装在另外的用例中。

3. 泛化关系

当多个用例共同拥有一种类似的结构和行为的时候，我们可以将它们的共性抽象成为父用例，其他的用例作为泛化关系中的子用例，这就构成用例之间的泛化关系。在用例的泛化关系中，子用例是父用例的一种特殊形式。

泛化关系可以看作是同一业务目的的不同技术实现。例如，某人进城，他可以坐飞机，可以坐火车，还可以走路，那么进城用例就泛化为坐飞机、坐火车和走路 3 个用例了，它们之间存在层级关系。又例如，物流分拣业务处理发货时，有市内配送、汽车站发货、火车站发货等，则发货泛化为“市内配送”“汽车站发货”“火车站发货”3 个用例，如图 4.7 所示。

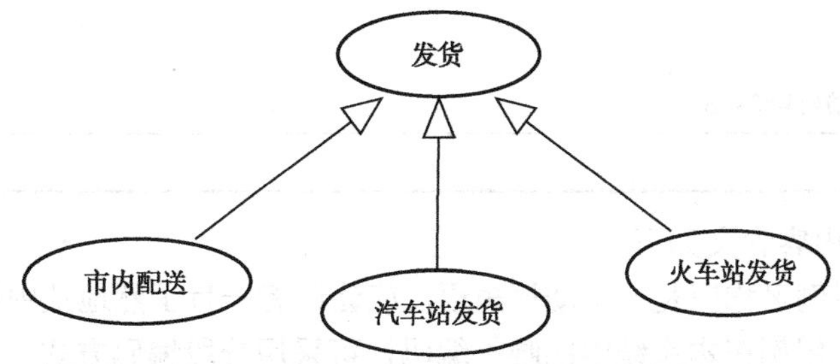

图 4.7 用例之间的泛化关系举例

泛化关系用子用例指向父用例的空心箭头连线表示。它也可称为继承关系，即子用例继承父用例的所有结构、行为和关系。子用例可以使用父用例的一段行为，也可以重载它。父用例通常是抽象的，而子用例往往是一种具体的实现。

4.2.4 描述用例

当用例模型建立好后，还可以对其中各个用例进行描述。如图 4.3 中，物流管理系统的用例图有 5 个用例，但这些用例只有一个词，其内容过于笼统。如果再对它进行一定的描述，则该用例模型就更清楚了。

例如，图 4.3 中有一个"货物受理"用例，该用例的具体描述如表 4.1 所示。在描述时一般包括：用例名称、操作者、简要说明、前置条件、基本事件流、异常事件流、后置条件等。

表 4.1 对用例"货物受理"的描述

用例名称：货物受理
用例标识号：001
操作者：受理员
简要说明： 受理员接受客户的物流申请，并进行受理，给客户开单、收费并负责将受理好的货物给接货员收走等之间的各项事务
前置条件：有客户要求将货物进行物流或快递
基本事件流： （1）接受用户的货物 （2）将货物进行称重 （3）给用户送货单，用户填写送货单 （4）计算物流费用 （5）收取费用 （6）货物打包并贴送货单 （7）与接货员进行交接 （8）用例结束
异常事件流： （1）用户信息填写不完整，如地址、电话等，则退回重写 （2）用户费用不够，退回
后置条件： （1）送货员接送货 （2）可以通过单号查询货物物流状态
注释：无

表 4.1 的各部分内容含义如下：

- 用例名称：用例名称应是一个动词短语，应让读者一目了然地从中知道该用例的目标。
- 用例标识号：用例在本系统中的唯一编码，可采用分段编码方式。
- 操作者：是该用例的主要参与者，该词应列出其名称，并给予简要的描述。
- 简要说明：是一个较长的描述，可以包括触发条件。
- 前置条件：是执行用例之前必须存在的系统状态。
- 基本事件流：在这里写出从触发事件到目标完成的各个步骤，例如，"步骤 i：动作描述"。

- 异常事件流：在这里描述各步骤可能的异常情况及处理。
- 后置条件：是用例执行完成后系统可能处于的一组状态。

4.3　从用例的交互中识别实体建立对象模型

4.3.1　识别类与对象

用例模型表示操作者与系统的交互。用例模型建立后，下一步就是确定这些交互的实体。所谓系统中的交互实体，是事件、人员或者一些现实生活中存在的对象，是系统的交互主体。实体通常是永久性的，它具有的属性则表示实体外部特征的各种数据。系统中的实体其实就是面向对象中的对象（Object）。但是，在分析时，我们最终需要的是对系统中各对象共性的抽象，即类（Class）。

用例模型建立后，下一步就应从用例中识别系统的交互对象与类，建立系统的数据模型——面向对象中的静态对象模型。UML 中用类图表示系统中的对象模型。

类图的建立主要是寻找系统有哪些类，然后确定各个类的属性，有哪些行为方法，以及各个类之间的关系类型。

首先要确定系统中有哪些对象与类。对象与类是客观存在的，如自然万物、人造物品、抽象的概念等。如何确定系统的对象与类呢？需要从系统的业务描述和用例模型出发进行分析寻找、筛选。一般的方法是先考察系统的交互用例，首先对这些交互用例中的实体进行分析，可将需求陈述中的名词或名词短语作为类与对象的候选者。其次考察这些对象的特征，剔除与系统无关的对象，进而确定哪些对象应该包含在分析模型中。然后标示对象的属性，定义类与对象的服务（方法）。将需求陈述中的形容词作为确定属性的线索，而把动词作为服务（操作）的候选者。

案例实现

从用例模型中识别实体，建立对象模型（类图）

利用用例方法进行需求分析时，是先确定用例模型，然后分别识别系统交互的实体、交换细节，建立静态模型和动态模型，它们构成了面向对象的分析模型。

识别系统交互的实体及实体的相互关系构成面向对象的静态模型，又称对象模型，用类图表示。物流管理系统的类图如图 4.8 所示。

如何确定系统的类与对象呢？可以先从下列 5 个方面进行分析获取。

（1）可感知的物理实体。例如，桌子、汽车、房屋等。物流管理系统的货物、送货单属于此类。

（2）人或组织。例如，学生、教师、生产部、采购部等。物流管理系统中的客户、受理员、送货员、分拣员、仓库管理员、结算员、仓储部、财务部等属于此类。

（3）应该记录的事件。例如，演出、访问等。物流管理系统中的结算属于此类。

（4）两个或多个对象的相互作用，通常具有交易或接触的性质。例如，购买、上课、结婚等，物流管理系统中的仓储出入库、分拣、送货等属于此类。

（5）需要说明的概念。例如，政策、规定、报价表等。

通过上述 5 类的分析可知，物流管理系统中的对象与类的候选者有：货物、送货单、客户、受理员、送货员、分拣员、仓库管理员、结算员、仓储部、财务部、结算、仓储出入库、分拣、送货等。然后从中合并相同的，剔除与系统无关的、冗余的、笼统的概念，可作为属性而不需要作为类。最后物流管理系统的对象与类确定为如下几个（注：为了利于理解，简化了案例，剔除了如机构、某些人员等类）如图 4.8 所示。

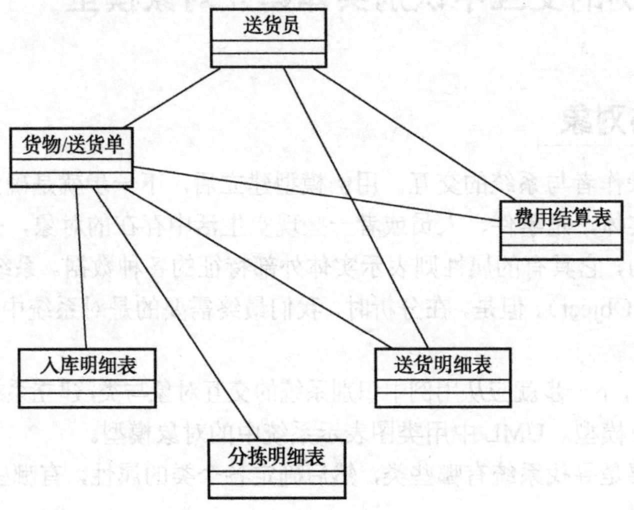

图 4.8　物流管理系统的类图

（1）货物/送货单。

（2）送货员。

（3）入库明细表。

（4）分拣明细表。

（5）送货明细表。

（6）费用结算表。

将这些类用类图的形式表现出来，构成了系统的静态对象模型。静态对象模型体现了系统交互的实体及它们之间的关系，体现了系统的静态数据模型。可以从该对象模型出发设计数据库，它也是今后程序设计时被操作的业务领域类。

类图中的类用三层格子的方框表示，最上格注明类名，中间格注明属性名，最下格注明方法名，如图 4.9 所示。

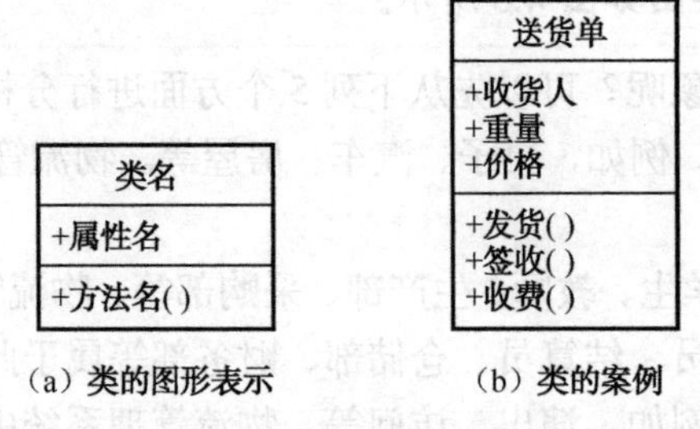

图 4.9　类的图形表示

类图需要逐步建立，需要通过在整个迭代开发过程中逐步建立与完善。建立类图时首先需要确定有哪些类，然后通过数据分析逐步添加其属性；而其方法的建立需要借助面向对象的动态模型。类图的建立包括分析类与设计类，它们之间是细化关系，具有一定连贯性的过渡关系。

正是由于这种基于同一概念的过渡关系，使得面向对象的软件开发具有许多优势。

图 4.8 所示的类图只是确定了有哪些类，这些类的简单关系有哪些。但再精确完善类图的各种信息，如有哪些属性、类之间的关联关系的类型、有什么方法等，需要后续逐步完成。

软件开发知识：对象模型——类图

在面向对象的软件开发中，类的创建占非常重要的地位。但是，需求分析中主要是对业务领域中的对象建立模型，用业务领域类图表示，它表示应用系统的静态数据结构。

类还可以作为逻辑处理类、控制类、操作界面类等，这些类在设计阶段才可能出现。这些在设计阶段出现的类均称为设计类。在设计类中，用于封装被处理数据的类与前面的分析类对应，我们又称其为实体类、值类（VO）。这些类均可以用类图表示。

分析类是业务领域类，而它对应设计类中的实体类（又称领域设计类），它可通过业务领域分析类的细化、实现得到。它们都可以用类图表示，只是不同阶段的抽象程度不同而已。

4.3.2 确定类的属性

每个实体对象都有其属性，它们用于描述该对象各方面的数据特征。类图中的类确定后，就需要分析其数据特征，确定其属性，然后添加到类的属性框中。

案例实现

确定类中的属性

确定了类后，然后通过类的属性、方法的确定来完善类图。类的属性是附属于类的各方面的数据特征，是今后数据库设计的基础。

（1）货物/送货单：送货单号、发货人姓名、发货人电话、发货地址、收货人姓名、收货人电话、收货地址、收费方式、费用、货物重量、货物体积、是否签收、是否收费、受理人。

（2）送货员：职工号、姓名、性别、年龄、电话、家庭住址、身份证号、送货范围。

（3）入库明细表：入库时间、送货单号、仓库管理员。

（4）分拣明细表：分拣时间、送货单号、目的地区域、分拣员。

（5）送货明细表：送货时间、送货单号、发货员、送货员、收费方式、实收费用、送货状态、是否签收、签收人。

（6）费用结算表：年月、送货员职工号、送货数量、损耗扣款、实发总数、提成总数、底薪。

注： 关于费用，在送货单上注明费用最终状况，而送货明细表中的是货到付款时收货员收费明细情况的登记。另外，由于类的属性比较多，因此含属性的类图此处略。

认真考察经初步分析而确定下来的那些属性，从中删掉不正确的或不必要的属性。通常需要注意以下几种常见情况：不要误把对象当作属性；不要误把限定当作属性；不要误把内部状态当作属性；不要过于细化；不要出现不一致的属性定义。

4.3.3 确定类之间的联系

类与类之间是有联系的，且这些关联的类型不同，在类图中可以用不同的关联连线将其连接起来。在图 4.8 中已经表明类之间的关系，但那些连线是最简单的关联关系，很多信息都没有表达出来。如类之间的“一般-特殊”“整体-部分”关系等。

类与类之间的联系有：关联、泛化、依赖、细化等。由于类与类之间的联系是更进一步刻画类图的内涵，对今后类的交互及类的设计有作用。下面就专门介绍类与类之间的关系。在图 4.8 的类图中，类与类之间的联系用最普遍的“关联”关系表示，如果要进一步刻画类之间的联系，则还需要用到泛化、依赖、细化等关系表示。

4.4 类与类之间的“关系”

类图由类和它们之间的关系组成。定义类之后，就可以定义类之间的各种关系。类与类之间通常有以下几种关系。

（1）关联关系。

（2）泛化关系。

（3）依赖关系。

（4）细化关系。

4.4.1 关联关系

1. 普通关联

关联是最常见的关系，只要在类与类之间存在着某种连接关系，就可以认为它们具有关联关系。而普通关联表示那些最常见的平等关系。普通关联的图形符号是连接两个类之间的直线。例如图 4.8 中的类之间的直线表示这些类之间有一定的关系，用普通关联表示。如果要进一步明确它们之间的关系，则需要用后面介绍的关联类型符号。

如果是单向的普通关联，则称为导航关联，用实线箭头连接两个类。在类图中还可以表示任何关联中的数量关系，即参与关联的对象个数。在 UML 中，用重数说明数量或数量范围，例如：

（1）0‥1 表示 0～1 个对象。

（2）0‥*或*表示 0 到多个对象。

（3）1‥10 表示 1～10 个对象。

（4）6 表示 6 个对象。

如果图中未明确标出关联的重数，则默认重数是 1。普通关联类型及表示如图 4.10 所示。

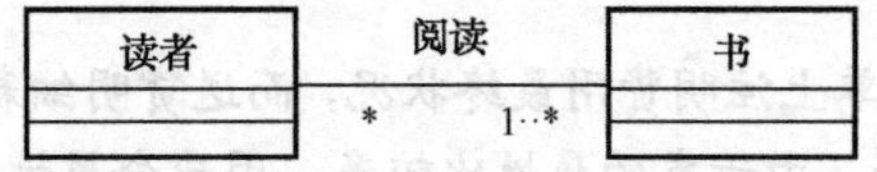

图 4.10　普通关联类型及表示

普通关联关系的两端通常是平等层次的，如作家与计算机的使用关系，读者与书籍的阅读关系等。如果要表达整体-部分含义，就需要一种更强的关联，即聚集关系。聚集关系是一种特殊的关联关系。

2. 聚集关系

聚集是关联的特例，表示类与类之间的整体与部分的关系。如果在聚集关系中处于部分方的对象可同时参与多个处于整体方对象的构成，则该聚集称为共享聚集，又称为聚合。如果部分类完全隶属于整体类，部分与整体共存，整体不存在了，部分也会随之消失或失去存在价值，则该聚集称为复合聚集，又称为组成。

- 聚合关系如学生社团与学生的关系。学生社团与学生是整体与部分的关系，且学生可以参加多个社团。聚合的图示符号是用空心菱形箭头的连线，箭头指向整体部分，如图 4.11 所示。

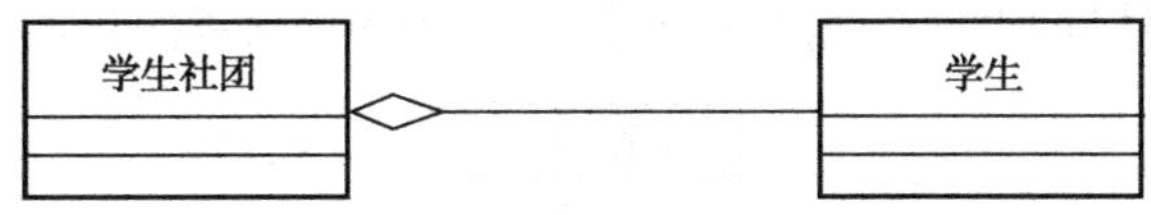

图 4.11　聚合关系及表示

- 组成关系如汽车与其零件、桌子与桌腿这样的整体-部分关系。零件不可能同时在两辆汽车上，桌腿也不可能同时在两张桌子上，这种不能共享的整体-部分关系就是组成。组成的图示符号是用实心菱形箭头的连线，箭头指向整体部分，如图 4.12 所示。

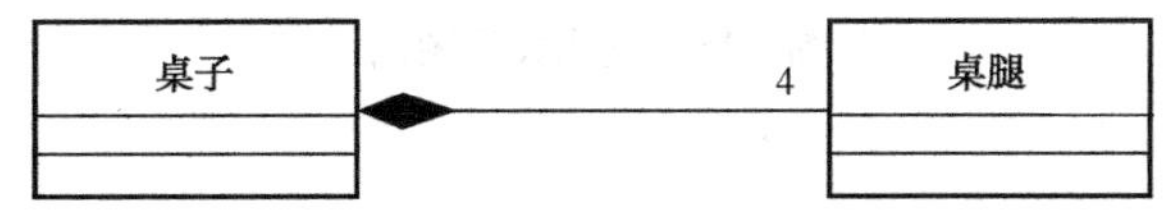

图 4.12　组成关系及表示

3. 关联的角色

在任何关联中都会涉及参与此关联的对象所扮演的角色（即起的作用）。在某些情况下，显式地标明角色名有助于别人理解类图，此称为关联的角色。如果没有显式标出角色名，则意味着用类名作为角色名。如人的结婚关系，有丈夫与妻子两个角色，在关联类的连线两端分别注上这两个角色名作为关联的角色，如图 4.13 所示。

4. 关联类

为了说明关联的性质，有时需要附加一些信息，这些信息可以引入一个关联类来记录。关联类是关联中的每个的连接与关联类的联系，是由于联系而产生的数据信息。关联类通过一条虚线与关联连接，如图 4.14 所示。

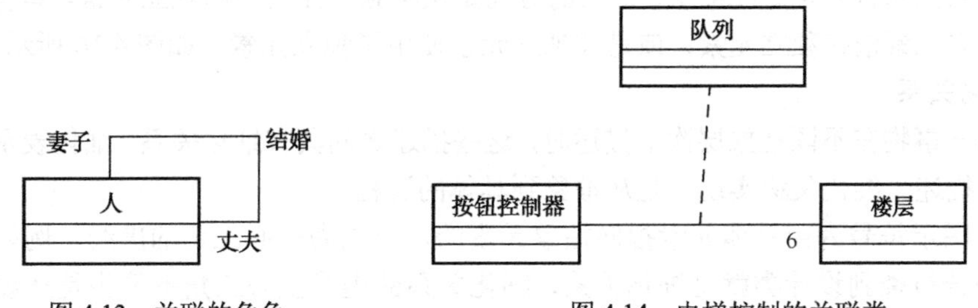

图 4.13　关联的角色　　　　图 4.14　电梯控制的关联类

4.4.2　泛化关系

泛化关系是一种类与类之间的分类关系，是类与类之间最常见的关系。如针对某一概念或事物，其个体可区分为通用类（父类）与特殊类（子类）时，两者之间便可以设置泛化关系。类与类之间的泛化关系就是通常所说的继承关系，一个类（子类、具体类）继承另外一个类（父类、通用类）的功能，并且可以增加自己的新功能。

父类中包含通用元素，而子类中包含具体元素。泛化中的具体元素完全拥有通用元素的信息，并且还可以附加一些其他信息。其实，具体元素应与通用元素完全一致，通用元素具有的属性、操作和关联，具体元素也都隐含地具有；具体元素应包含通用元素所没有的额外信息。

泛化关系的图示符号是带空心三角形的连线，三角形的顶角紧挨着通用元素，如图 4.15 所示。

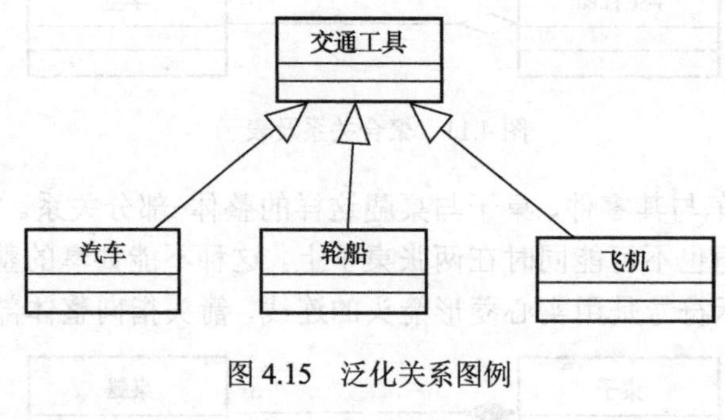

图 4.15　泛化关系图例

4.4.3　依赖和细化关系

1. 依赖关系

依赖关系也是类与类之间的连接，表示一个类依赖于另一个类的定义。依赖关系是单向的，它描述两个模型元素（类、用例等）之间的语义连接关系：其中一个模型元素是独立的，另一个模型元素不是独立的。不独立的模型元素依赖于独立的模型元素，如果独立的模型元素改变了，将影响依赖于它的模型元素。

依赖关系是一种非常弱的关系，它具有偶然性、临时性。不独立的元素依赖独立元素，独立元素的变化会影响到不独立的元素。比如，总账需要依赖明细账进行汇总得到，这两个元素之间就是依赖关系；又如，某人要过河，需要借用一条船，此时人与船之间的关系就是依赖关系。

依赖关系图示符号是虚线箭头，箭头的方向是从不独立元素指向独立元素。具有依赖关系的类是非独立元素依赖独立元素，或是非独立元素使用了独立元素，如图 4.16 所示。

2. 细化关系

当对同一事物在不同抽象层次上描述时，这些描述之间具有细化关系。细化表示对事物更详细一层的描述。细化又称实现，是从抽象到具体的过程。

细化的图示符号为由具体元素指向抽象元素的，一端为空心三角的虚线。例如，软件开发过程中的分析类到设计类就是细化关系，细化关系的虚线空心三角形箭头是从设计类指向分析类，如图 4.17 所示。

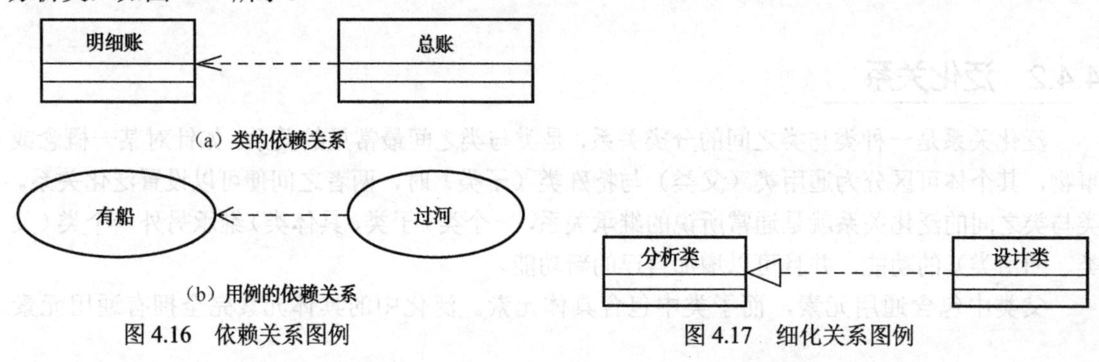

图 4.16　依赖关系图例　　　　图 4.17　细化关系图例

细化主要用于模型之间的合作，表示各开发阶段不同抽象层次的模型的相关性，常用于跟踪模型的演变。

不同关系类型连线的图示符号如图 4.18 所示。

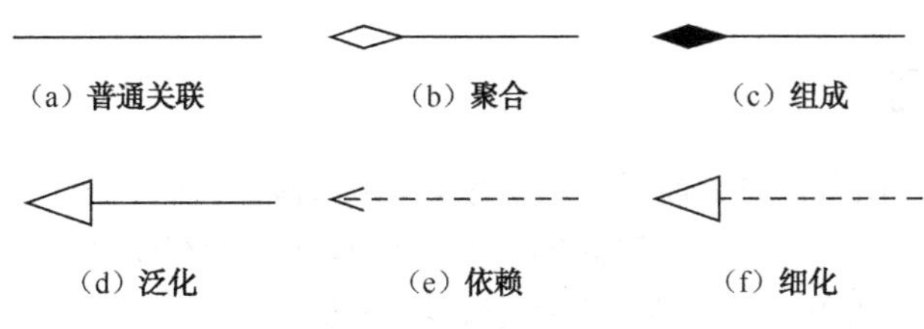

图 4.18 不同关系类型连线的图示符号

4.4.4 确定关联

图 4.8 中的物流管理系统的类图先确定了类，但类与类之间的关联只是简单的连线。而类图中有哪些连线（即关联）？这些关联关系是何种类型？这就是确定关联时需要做的事情。

1. 初步确定关联

在初步确定关联时，大多数关联可以通过直接提取需求陈述中的动词词组选择得出。通过进一步分析需求陈述，发现一些在陈述中隐含的关联。最后，分析员还可与用户或领域专家讨论问题域实体间的相互依赖、相互作用的关系，再进一步补充一些关联。

2. 筛选

经初步分析得出的关联只能作为候选的关联，还需经过进一步筛选，以去掉不正确或不必要的关联。筛选时主要根据下述标准删除候选的关联：如剔除已删去的类之间的关联、与问题无关的或应在实现阶段考虑的关联等，最后对关联关系进行完善。

3. 进一步完善

最后进一步将筛选后余下的关联进行完善，如分解、补充类及类的关联，最后给关联标明阶数，得到进一步完善的类图。

各个关联类型不同，其关联的强弱程度不同，在分析时要根据语义进行判断。这些工作其实比较难。在分析确定关联的过程中，可不必花过多的精力去区分关联和聚集。事实上，聚集不过是一种特殊的关联，是关联的一个特例。对于继承、实现这两种关系，体现的是一种类与类的纵向关系。其他的关系则体现的是类与类的横向关系，比较难区分。有很多事物间的关系要想准确定位是很难的，所以有时常用普通关联表示那些不很明确的关系，只要不影响后续的开发工作即可。

4.5 从用例的交互中识别交互细节建立动态模型

上一步从用例交互的实体建立了系统的对象模型（类图），它表示的是面向对象的静态结构，这些静态结构相对稳定，不随时间而轻易改变。接下来就需要分析这些实体的交互细节，为今后设置对象的服务做准备。动态模型就是描述系统中实体的动态细节，它描述这些实体及其关系随时间改变的动态特征。

动态模型描述了对象模型中对象合法的变化序列，通常用状态图、顺序图、活动图等表示。物流管理系统的状态图在第 2 章中已经介绍过，此处就不再赘述。下面仅介绍物流管理系统的顺序图。

顺序图描述整个系统的状态转变，如何由一个时间引起一个对象到另一个对象的转变的事件序列。它描述系统中对象之间的动态交互关系，着重体现消息传递的时间顺序。

4.5.1 建立顺序图

顺序图是一个动态模型，用于描述一组对象如何随着时间在某些行为方面进行协作。物流管理系统的顺序图捕获这些参与者与对象的交互，这些参与者有受理员、送货员、结算员等；而参与的对象有货物/送货单、入库表、分拣表、结算表等。

顺序图描述这些实体的每个用例（或功能）的行为，同时显示在特定用例的时间框架中的对象以及这些对象之间传递的消息。顺序图不显示对象之间的关系。

案例实现

识别实体的交互细节，建立动态模型

确定系统的实体（类与对象）后，就需要进一步对这些类与对象的动态行为进行分析与建模，即动态模型。

面向对象的动态模型包括顺序图、状态图、活动图等，它体现类与类之间的交互关联与交互。动态模型是今后类的方法及处理过程设计的基础。物流管理系统的顺序图如图 4.19 所示。

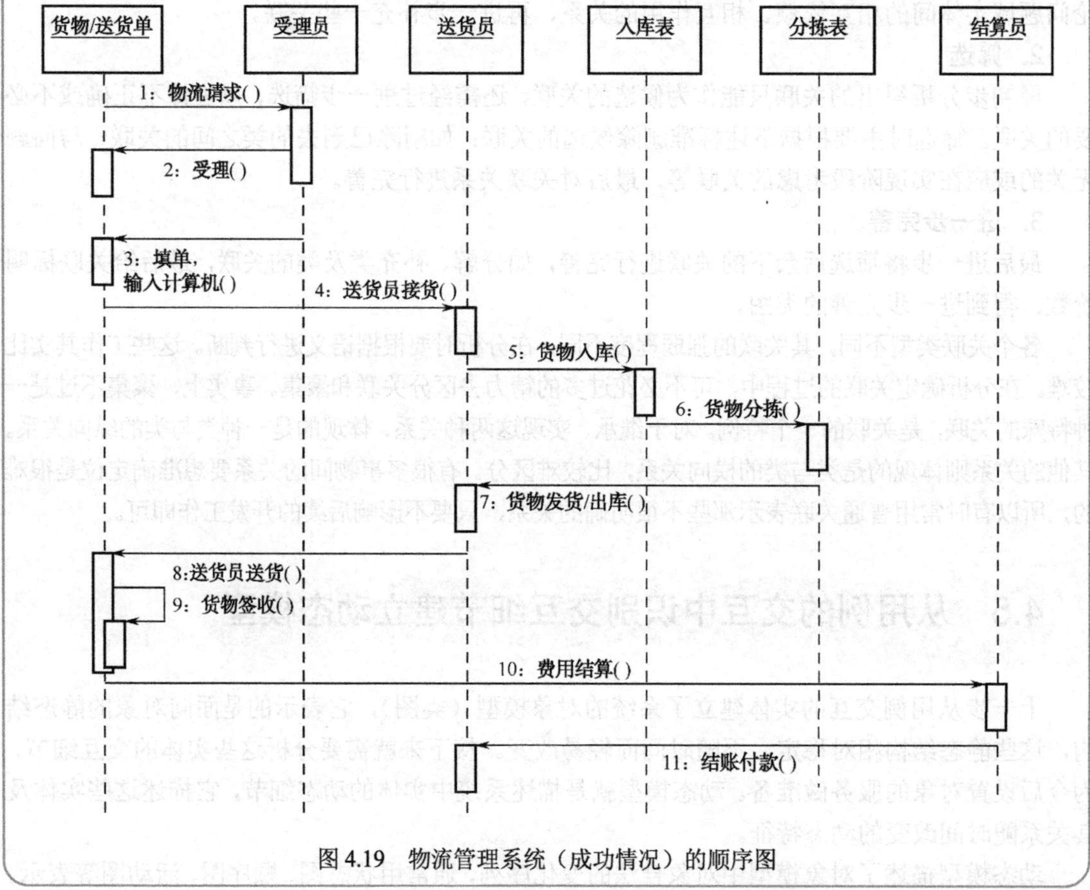

图 4.19 物流管理系统（成功情况）的顺序图

物流管理系统中各参与者与对象之间传递的消息有：（1）物流请求；（2）受理；（3）填单，

输入计算机；（4）送货员接货；（5）货物入库；（6）货物分拣；（7）货物发货/出库；（8）送货员送货；（9）货物签收；（10）费用结算；（11）结账付款。

4.5.2 通过顺序图描述实体间的动态行为

何为系统类的动态行为？其实，类是客观存在的抽象，类的职责有：做事，用自己的行为做点事，激发其他对象做点事，控制和协调其他对象的行为，进行计算和推导以完成某些处理；感知，感知私有的封装数据，感知其他相关对象，感知通过计算和推导出来的东西。

类的对象对外（其他对象）展现的形象和能力是由对象的属性值和内部活动行为体现出来的。类行为的确定和实现需要在类与对象确定之后再进行详细分析确定。可以通过构建顺序图、协作图等动态模型发现和确定类的行为。

顺序图又叫时序图，是按时间顺序描述对象间的交互。它利用对象的生命线和它们之间传递的消息来显示对象如何参与交互。顺序图中的图形符号主要有：参与者、对象名、生命线、激活期和消息，如图 4.20 所示。

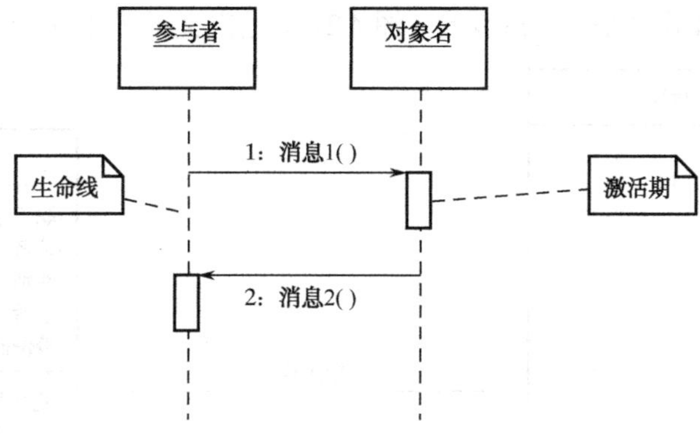

图 4.20 顺序图的图形元素符号

（1）参与者：在交互中扮演的角色。

（2）对象名：系统中参与活动的对象。

（3）生命线：对象在一段时间内的存在。

（4）激活期：对象执行一项操作的时期。

（5）消息：对象交互和协作的纽带，表示对象间的请求和服务。

4.5.3 通过顺序图等动态模型分析与确定类的行为

顺序图画好后，就可以分析这些参与者参与的动态行为，确定类的行为与服务，从而定义类的方法，完善类的定义。

例如，我们已经获取了物流管理系统的类：受理员、送货员、结算员、货物/送货单、入库表、分拣表、结算表，并建立了这些实体的顺序图，以体现它们之间随着时间变化的协作行为。通过这些动态行为，我们可以分析这些类的行为方法，如货物与送货单，虽然是两个类型的对象，但我们可以将它们合并为一个整体。通过顺序图，我们可以确定货物/送货单的行为方法。

案例实现

确定各类的方法

通过系统的动态模型，可以确定各类的方法。具体各类的方法如下：

（1）货物/送货单：受理、填单并输入计算机、送货员接货、货物入库、货物分拣、货物发货/出库、送货员送货、货物签收、费用支付。

（2）受理员：受理、填单并输入计算机。

（3）送货员：送货员接货、货物入库、货物发货/出库、送货员送货、货物签收、结账付款。

（4）入库明细表：入库、发货出库。

（5）分拣明细表：分拣。

（6）费用结算表：费用结算、支付。

接下来在类图中定义类的行为方法（又称类的操作）。UML 描述操作的语法格式如下：

可见性　操作名（参数表）：返回值类型

其中，可见性和操作名是不可缺少的。图 4.21 就是定义了属性与方法的分析类图。

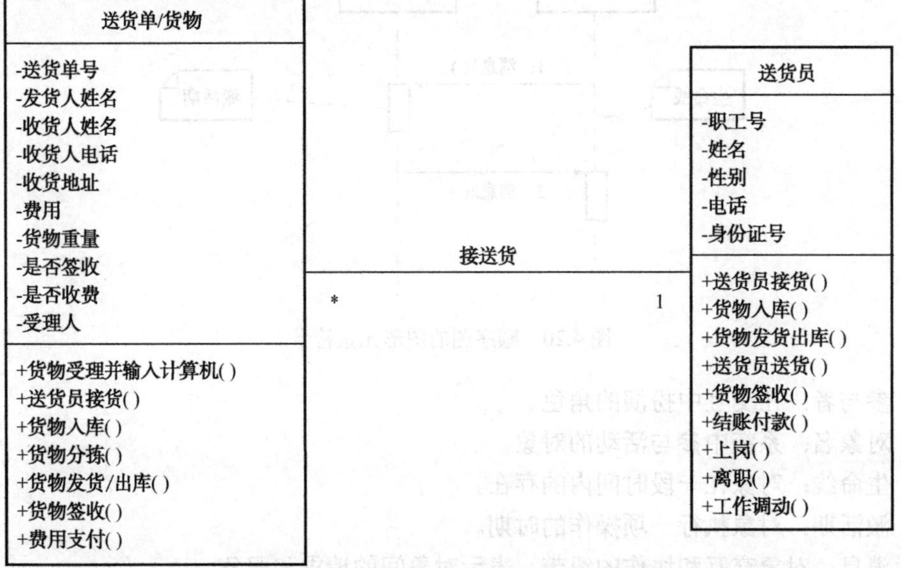

[注：类图中的属性和方法的可见性有 3 种：公有的（public）、私有的（private）和保护的（protected），分别用加号（+）、减号（-）和井号（#）表示。]

图 4.21　进一步完善的类图

案例实现

确定类之间的关联，完善分析类图

通过上述分析过程，确定了类、类的属性、类的方法、类之间的关联关系等，这些内容最终都体现在类图中。通过在类图中添加这些元素，完善了类图，构成了完整的系统对象模型。系统类图的建立是面向对象软件开发的主要内容。

通过上述分析，本章已获取了系统交互的实体对象、对象之间的关系、对象的属性和方法，逐步建立了系统的用例图、类图、顺序图，并完善了类图，从而建立了系统的面向对象分析模型。当类图中类的行为方法定义完后，面向对象的分析就告一段落了，接着就可以进入设计阶段了。

有了面向对象分析模型，下一步就可以基于该分析模型进行面向对象的设计，建立面向对象的设计模型。当然，面向对象的分析工作与面向对象的设计工作是可以循环迭代的。面向对象分析模型与面向对象设计模型也可以进行循环迭代，直至开发完成。

小　结

本章介绍了用面向对象的方法进行需求分析。用面向对象的方法进行需求分析的任务同第2章介绍传统分析方法一样，用于表达用户对软件的需求，包括功能需求、数据需求等。但面向对象的分析方法采用面向对象的观点与概念进行。

面向对象采用“用例方法”进行需求分析，首先通过分析操作者与系统的交互建立用例模型。然后识别系统的对象建立数据对象模型，建立分析类图；通过识别系统交互细节建立系统的动态模型，不压角通过建立顺序图、活动图、状态图等建立动态模型。最后以需求分析说明书的形式将这些需求及模型表达出来。

本章同前面讲授的传统分析方法一样，采用“项目导向”的形式进行面向对象的分析。还是以物流管理系统为案例，内容和目的与第2章相同，但采用的方法与工具不同。这样读者很容易比较两种方法的不同，也利于读者通过类比的方法学习面向对象各个模型的作用，利于掌握面向对象的分析方法。

习　题

一、填空题

1．面向对象的分析模型包括：用例模型、对象模型和动态模型，它们分别用UML的________、________、顺序图来表示。

2．用“用例方法”面向对象的需求分析与建模，先建立________，再通过分析操作的实体建立________，最后分析实体之间的动态交互细节，建立系统的________。

3．确定系统的类与对象，从可感知的________、________、应该记录的________等方面获取。

4. 类图的建立是先确定系统的类与对象，然后逐步确定类的________、类之间的________，类的________，从而完善类图。

5．类图中类与类之间的关系包括：________、________、________和________。

二、思考与简答题

1．简述面向对象“用例方法”进行需求分析与建模的过程。

2．用例模型的建立步骤是什么？

3．如何确定系统的类与对象？

4．建立对象模型（类图）的过程主要有哪几个步骤？各步骤的内容是什么？

5．何为面向对象的动态模型？如何建立顺序图？如何从顺序图定义类的方法？

试一试：用面向对象的方法进行分析建模

实训：用面向对象的方法进行需求分析与建模

（一）实训内容与实验环境

本单元实训内容要求用面向对象的分析方法对“学生管理系统”进行需求分析与需求建模。具体包括以下任务：

（1）了解 UML 面向对象建模环境及如何画用例图。

（2）从需求陈述中用“用例方法”对学生管理系统进行面向对象分析建模。

（3）建立学生管理系统的完整分析类图。

实验环境：

- Microsoft Word。
- StarUML 或 Rose。

（二）实训方案与步骤

任务 1：了解 UML 建模环境及用例图的画法

1．实训目的与要求

（1）熟悉 UML 建模工具。

（2）会画用例图。

（3）会用 UML 建模工具（如 StarUML）对模型文件进行管理。

2．实训方案

用 StarUML 对一个业务进行面向对象的 UML 建模，包括多个模型视图：Use Case Model（用例模型）、Analysis Model（分析模型）、Design Model（设计模型）、Implementation Model（实现模型）、Deployment Model（部署模型）。

选择 Use Case Model，双击 main，则在工作区可以画用例图。其中 Actor 表示角色，UseCase 表示用例。

3．实训步骤

（1）任画一个用例图，熟悉用例图的画法。

（2）进入分析模型环境，熟悉画类图（class）的环境。

（3）将实验的图复制到实验报告中，并将 UML 文件保存下来。

任务 2：采用用例方法对学生管理系统进行面向对象分析建模

1．实训目的与要求

（1）会用面向对象方法建立学生管理系统的用例图、类图等图，表达其面向对象分析模型。

（2）用面向对象方法的模型编写（学生管理系统）需求规格说明书。

（3）体会软件设计过程与内容。

2．实训方案

（1）建立系统的完整用例图，可以分层表达。

（2）建立系统完整的类图，包括确定类及类之间的联系、泛化、依赖、细化关系。

（3）用以前程序设计课程的案例，编写其设计文档（思考，选做）。

3．实训步骤

（1）通过业务文字描述陈述项目的需求。

（2）画用例图，体现角色与系统之间的交互。

（3）画类图，体现系统的静态模型结构（注意：类、属性、方法、关系）。

（4）编写软件需求规格说明书（用规范的格式基于面向对象的方法表达需求）。

任务 3：建立学生管理系统的完整分析类图

1．实训目的与要求

会用面向对象的方法建立软件的完整分析类图。

2．实训方案

（1）提供初步类图及用例模型。

（2）建立系统完整的类图，包括确定类及类之间的关系（关联、泛化、依赖、细化关系）。

（3）确定系统的类与对象，可从下列 5 个方面进行分析获取：

① 可感知的物理实体，如桌子、汽车、房屋等。

② 人或组织，如学生、教师、生产部、采购部等。

③ 应该记录的事件，如演出、访问等。

④ 两个或多个对象的相互作用，通常具有交易或接触的性质，如购买、上课、结婚等。

⑤ 需要说明的概念，如政策、规定、报价表等。

（4）建立系统动态模型（顺序图），完善类的服务。

3．实训步骤

（1）通过业务文字描述，确定系统的操作实体（类与对象）。

（2）画类图，体现系统的静态模型结构（注意：类、属性、类的关系）。

（3）画学生管理系统的顺序图，以确定类的服务，从而完善类图。

第5章 用面向对象的观点和方法设计软件

学习目标

[知识目标]

■ 了解面向对象设计的概念及主要内容。
■ 了解面向对象设计的几种图及其作用，如包图、设计类图等。
■ 理解面向对象的软件体系结构的设计和类的设计。
■ 掌握类的设计，包括领域类的设计，BCE方法、MVC（Model-View-Controller）设计模式。
■ 理解面向对象的软件开发过程及最佳做法。

[能力目标]

■ 会用包图描述系统的包结构。
■ 会对系统体系结构进行设计，即将系统分成互相交互的几个子系统。
■ 掌握类的设计方法，会从业务领域分析类图，转化为业务领域设计类图。

5.1 面向对象软件设计概述

软件的设计是从软件的分析到编码的过渡阶段。对于面向对象的方法，面向对象设计（OOD）是从面向对象分析（OOA）到面向对象编程（OOP）的一个桥梁，它从面向对象分析模型出发进行软件的规划与设计，指导面向对象的编程实现。本章介绍以面向对象的观点与方法对软件进行设计。目前大部分编码语言是面向对象的，而面向对象的软件设计可以对面向对象的程序编码进行指导。

小提示：尽管分析和设计的概念与任务有明显的不同，但在实际工作中，二者之间的界限又是模糊的。面向对象分析、面向对象设计和面向对象编码虽然是不同类型的活动，但是在软件开发过程中，这些活动是一个反复迭代的过程，界限不很清楚。而面向对象方法在概念和表示方法上的一致性，保证了各项开发活动的平滑过渡，这是面向对象方法所具有的优势。

由于面向对象的软件设计元素更接近于面向对象的编码元素。下面就以面向对象编码元素为设计目标介绍面向对象的软件设计。

软件开发知识：面向对象的软件设计

面向对象的软件开发中，面向对象的分析、面向对象的设计、面向对象的编码是软件开发的 3 个不同过程。面向对象的软件设计是从分析到编码的过渡，起着承上启下的作用。在这 3 个过程中，分别建立分析模型、设计模型以及实现代码。设计模型是承上启下的，它是由分析模型细化而来的，而面向对象的编码是对面向对象设计的实现。

面向对象的设计包括高层的软件体系机构的设计与底层的类的设计。类的设计结果叫设计类，设计类是软件设计模型的核心，是面向对象设计的主要内容。

5.1.1 包图

软件编码时首先需要考虑用包（Package）来将程序文件进行分类存放。软件中，既可以根据不同功能模块进行分类存放，也可以按不同层次结构进行分类，还可以按不同的子系统、通用组件等进行分类存放。所以根据不同的设计形成了不同的包结构。

包的结构是一个层次结构，包之间的关系可能是平行的，也可能是包含的父子关系。软件中的包及包的关系构成了软件的包图。包图是一种体现软件结构设计的静态模型。包的图形表示如图 5.1 所示。

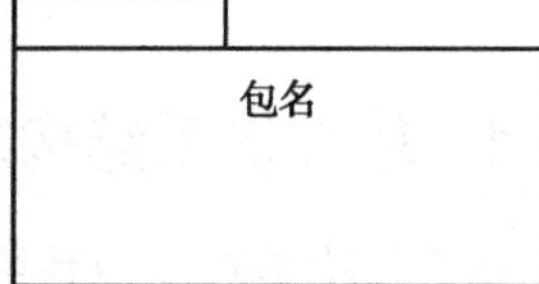

图 5.1 包的图形表示

5.1.2 数据库设计

目前市场上使用的绝大多数数据库是关系数据库，关于关系数据库的设计在第 3 章中已经介绍过了。但是，在面向对象的软件开发中同样有数据库的设计，数据库的设计概念与第 3 章相同。

在面向对象的软件开发中，关系数据库的逻辑结构可以从业务领域类出发进行设计，即根据业务领域的“实体类”对应数据库表，它的属性对应表的字段。再根据类之间的关系设计关联表，从而得到数据库的逻辑结构设计。最后，再根据具体数据库管理系统进行数据库的完整设计。

与传统的用 E-R 图进行数据分析的方法相同，领域实体类之间的数据关系同样有一对一关系（one-to-one）、一对多关系（one-to-many）、多对多关系（many-to-many）3 种。

小提示：由于领域实体类与关系数据库的表之间有一定的映射关系，所以著名的 Hibernate 框架实现了对象与关系数据库表的映射模型（ORM 模型），它可以实现自动地从领域实体类到数据库表之间的转换，从而实现通过实体类的设计自动进行数据库表的设计。

在采用面向对象的软件开发方法时，数据库设计可通过对实体类的设计两者之间互相转换而得出。

5.1.3 软件架构和类两个层面的设计

到目前为止，本书介绍了软件的分析、设计、面向对象分析建模等概念，引导案例所示的物流管理系统也已经有许多阶段性成果，特别是已经有了面向对象的分析模型、数据库设计等，但这时进行程序编码还是比较困难。为了着手对软件的编码，需要对编码内容进行规划，这时就有必要用面向对象的观点从高层对软件体系结构进行设计，并从底层进行类的设计，为真正编码做准备。这就是面向对象设计的两个主要内容。

软件架构设计是对软件体系结构进行设计，它以前期阶段的成果为基础，包括领域分析模型、各种需求、物理环境、技术选择、系统约束等，进行宏观总体结构的设计。进行软件体系架构设计时，必须从不同的角度，如系统用户、开发人员、系统管理员、部署实施人员、数据库管理员等去分析与解决问题。这些问题包括系统包含的部件、部件之间的关系、系统的交互机制、技术选择决策等。

类的设计是面向对象设计工作的重要部分，实际上是类执行系统的真正工作。软件系统的各个处理最终均会落到类的操作上。类的设计不仅包括领域类的设计，还包括数据管理子系统、任务管理子系统、交互界面子系统等其他各子系统类的设计。

5.2 高层软件体系结构设计

5.2.1 软件体系结构设计概况

体系结构是对复杂系统的高层结构的抽象与表示，是复杂系统的一种结构化模型，它描述系统由哪些部件组成及部件之间的关系如何。软件体系结构是软件系统的基本组织结构的高层抽象，它包含有哪些软件元素，这些软件元素外部可见的属性以及这些软件元素之间的关系等。面向对象设计的软件系统体系结构如图 5.2 所示。

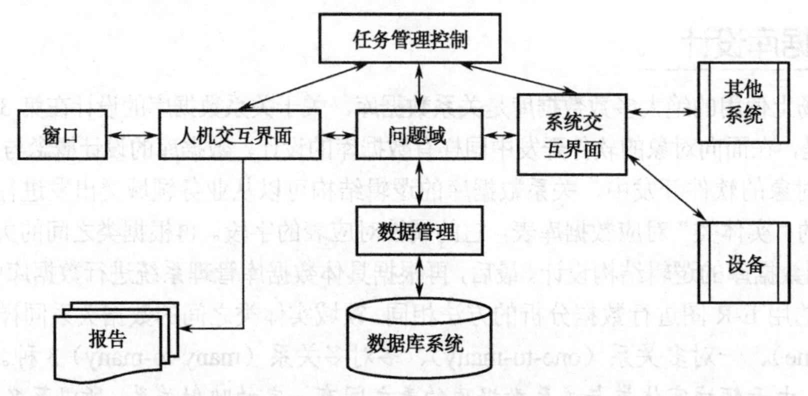

图 5.2 面向对象设计的软件系统体系结构

软件体系结构设计后，接着就是构建出软件的基本框架，包括可分解开的各个部件，部件之间、部件与环境之间的关系，部件的连通性与交互机制等。这些系统部件以底层通用部件的形式提供，它们对整个系统进行支撑，并以此为基础逐步集成业务系统功能模块部件。软件体系结构设计主要包括问题域设计、人机交互界面、控制流方面、数据管理方面、软件系统的实现与部署等方面的设计。

5.2.2 软件体系结构设计内容

软件体系结构设计主要由以下几个部分组成。

（1）划分子系统。将整个系统按照执行功能的不同划分为若干个子系统，每个子系统承担一定的独立功能。

（2）设计人机交互界面部件。用户界面体现了系统与用户的信息交换方式。各模块的界面在每个模块中实现，但这些模块可以抽象出一些通用部分，用于简化用户交互界面的开发。如JavaEE 的 struts 框架提供的表示层构件。

（3）设计数据管理部件。应用软件系统需要解决对象数据存储和检索问题。面向对象设计一般需要专门设计数据管理部件来完成一些底层数据处理任务，将软件系统中依赖开发平台的数据存取部分与其他功能分离。例如，JavaEE 的 Hibernate 框架能提供数据管理功能的支持。

（4）设计任务管理部件。所谓的任务是执行一系列活动的一段程序。软件系统中有许多并发行为需要管理与控制，设计任务管理部件，划分各种任务，协调各个行为，控制通信关系，以简化并发的设计和编码工作。

（5）业务领域处理部件的设计。上述几个部件是系统的通用部分，即与特定的业务内容无关。而具体完成业务领域工作的处理需要业务领域处理部件完成。一般一个业务功能需求对应一个处理部件。业务领域处理部件的设计需要依赖通用系统部件，并调用其接口以完成具体的底层操作。

面向对象架构软件体系结构如图 5.3 所示。

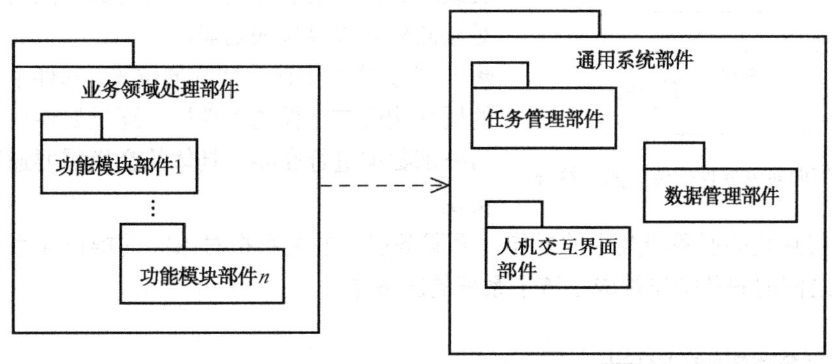

图 5.3　面向对象架构软件体系结构

在整个软件设计过程中，软件架构和软件体系结构的设计属于高层设计，而类的设计是其底层设计。这些工作不是一次迭代就能完成的，这些过程中处处隐藏着风险。但是强健的软件架构和设计能为软件开发带来秩序，并避免源程序的无序堆砌。强健的软件架构、迭代和增量开发，也能为软件开发减少一些风险，这也是面向对象软件开发方法的优势。

5.3　底层类的设计

5.3.1　系统各部件类的设计及其层次

上述系统结构已经将系统设计为业务领域部件、人机交互界面部件、任务管理部件、数据管理部件四大部分，而这些部件均由类与类的交互组成。面向对象设计的下一步需要对这些底层类进行设计。

面向对象的程序代码是由对象与类组成的，系统体系结构设计中已将系统分成不同的子系统或部件，而这些部件均是由各自的类与对象及它们的接口组成。这些类与对象通过消息与其他类和对象进行交互。面向对象软件设计的两个阶段如图 5.4 所示。

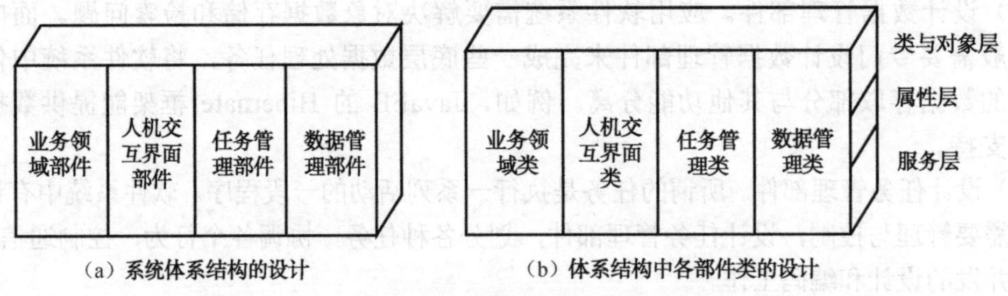

（a）系统体系结构的设计　　（b）体系结构中各部件类的设计

图 5.4　面向对象软件设计的两个阶段

软件体系结构中的每个部件的类与对象均包括类与对象层、属性层、服务层。面向对象软件部件的图形符号如图 5.5 所示。

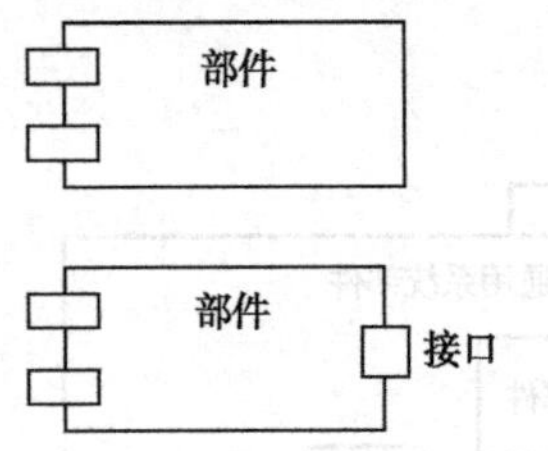

图 5.5　面向对象软件部件的图形符号

- 类与对象层指明该部件有哪些类、哪些对象，这些类或对象被封装的方式，类或对象之间的关联，类或对象向外界提供哪些功能。
- 属性层是类中保存数据的位置，部件中各类与对象的属性构成该部件的属性层。通过属性层使对象内部与外部数据进行交换。具体的交换需要通过服务层来实现。
- 服务层封装的服务即类中的操作，而服务层上的关系指对象间的操作关系。所有这些相互之间的服务操作构成了该子系统的服务层。

5.3.2　业务领域类的设计

软件的体系结构设计中，有一个部件是进行业务领域处理的，而其他的属于通用系统或技术支撑的部件。通用系统或技术支撑部件提供系统处理的底层支持，它具有通用性，它不处理用户具体的业务，而是在底层技术上支持业务的完成。下面以物流管理系统类的设计为案例介绍业务领域类的设计。

业务领域处理部件包含的类就是业务领域类，这些类往往是业务领域中的实体类。在需求分析时已经获取的分析类图，它表示的就是业务领域类。业务领域类的设计就是从分析类出发，增加其实现细节，从而达到设计类。

引导案例

对物流管理系统进行领域类的设计

设计物流管理系统领域类，即设计类。第 4 章在物流管理系统面向对象需求分析中对领域类进行了分析，建立了领域类的分析类图，又称分析类。而设计类是通过该分析类细化得到的（完整的物流管理系统的设计详见第 8 章）。

根据前面相应章节（第 3 章）的介绍，物流管理系统的类图包含有送货单等实体类，从而构造了分析模型的类图。在设计时，对该分析类图进行实现、细化，从而得到其设计类图，如图 5.6 所示。

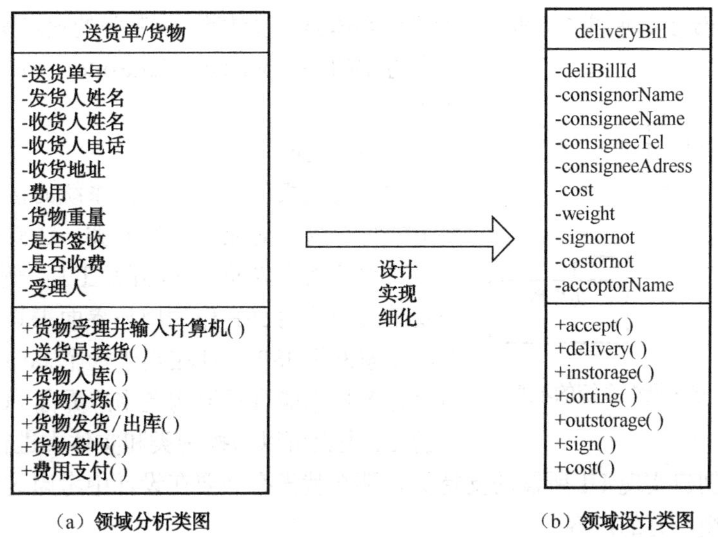

图 5.6　分析类到设计类的过渡（类的设计）

案例实现

设计类的设计

面向对象的设计从面向分析模型过渡而来，是对分析类的细化或实现。设计类的过程如图 5.6 所示。

类是面向对象编码的基本单位，也是面向对象程序运行的基本单位，所以说类的设计是面向对象软件设计的基础。但是一个软件的类非常多，如何设计它们要靠“设计类”或“设计模型”。

所谓的设计类就是从运行角度与编码角度的类图（即设计类图或设计建模）。我们将分析类图进行细化、加工，就可以得到设计类图。分析类图是需求分析过程中得到的类图，图 5.6 左边是分析类图，右边是设计类图。设计类图就是直接从分析类图加工得到的，这些加工包括：对属性、方法的命名，对可视性的定义，关联属性的确定等。

领域类的设计其实是从领域分析类到领域设计类的“设计”活动，是领域分析活动的继续，是基于领域分析类向类的编码方向的演进与细化。这些设计活动还包括：

- 进一步对类、属性、方法的标示与命名。
- 定义属性与方法的可见性、属性的类型、方法的参数及返回值类型。
- 抽象父类，使与子类形成继承关系，分组管理领域类。
- 调整领域分析类模型等。

通过上述设计工作，实现业务领域类的设计，得到领域设计类。

5.3.3 类设计

在面向对象的程序中，类是实际执行系统的真正工作。软件系统的各个部分均由类组成。所有这些类中，不论是业务领域中的类还是体系结构中的类，根据其作用大体可分为三大类：实体类、边界类、控制类，如图 5.7 所示。如果用实体类、边界类、控制类的观点识别软件系统，即所谓的 BCE（Boundary-Controller- Entity，边界-控制-实体）方法。

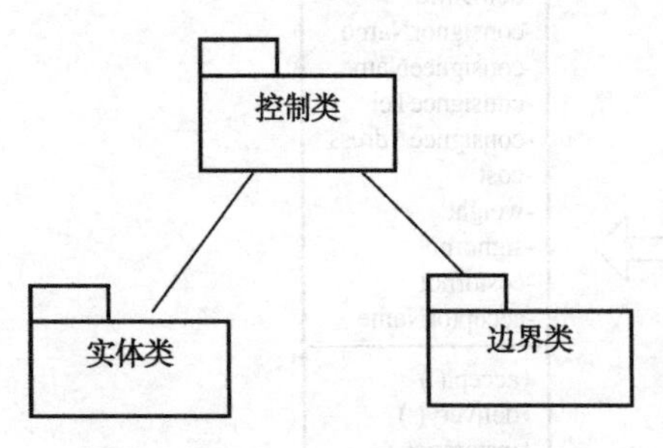

图 5.7 用 BCE 方法组织系统的框架

1. 边界类

边界类代表到用户或其他系统的接口。一般用户界面中的每个窗口对应一个边界类。边界类的设计取决于项目可用的用户界面（UI）开发工具。例如，在 Java Web 开发工具中使用 JSP 作为用户界面工具（其实从底层来看，动态网页 JSP 文件相当于一个 Java Servlet 类）。当前有许多技术能直观地构造用户界面（UI），这时自动创建的 UI 类也可以与控制类和实体类进行交互。如果 UI 开发环境能自动创建实现 UI 所需的支持类，那么就没有必要在设计中考虑这些支持类，只需设计开发那些环境没有的内容。

2. 实体类

在需求分析期间，实体类代表业务领域中被操纵的信息单元。它们往往是被动的、持久的，并且常常与持久性机制相关联。如数据库持久化机制中，对象-关系模型中就是实体对象与关系数据库表间进行数据交换。图 5.8 是实体类与关系数据库的映射关系，在这个映射模型中，实体类对应了数据库的表，而实体类的属性对应表中的字段。著名的 Hibernate 框架就是基于该映射关系建立的，它可以实现数据库表结构与实体类的自动转换。

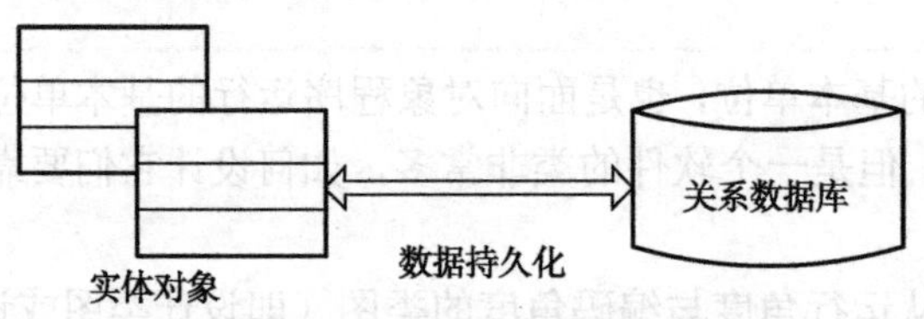

图 5.8 实体类与关系数据库的映射模型

实体类的方法层体现了实体的动态行为，它是用于处理实体类之间的消息处理操作。可以将实体类的属性层、方法层分成不同的类，分别用于封装数据与封装处理。

3. 控制类

控制类或对象又称控制器，它负责管理、控制和协调软件操作的流程。控制器的处理包含对用户界面（边界类）的反应和对业务处理中实体类的处理，并控制其处理流程。这种处理过程又称为控制逻辑。

4. 选择合适的设计模式

设计模式是对某一类软件设计问题的可重用的解决方案，是前人总结与固化的能重复成功的设计。引入设计模式到软件设计和开发过程，就是为了充分地利用已有的软件开发经验与资源，提高开发效率。比如，在软件结构方面，可以采用 MVC 的设计模式，很多软件开发工具都支持 MVC 设计模式的开发。

设计模式是一个广泛的概念，但设计模式的应用需要进行选择。在应用这些模式之前，一定要先分析清楚问题，否则就可能弄巧成拙。

5.3.4　使用 MVC 设计模式

软件开发知识：使用设计模式

设计模式是人们通过实践总结出的一种可以重复使用的解决方案，通过这个解决方案，人们能够重复类似的成功，从而减少开发时间。

设计模式有许多种，如 MVC 模式、抽象工厂模式等。不同的设计模式都有自己的使用领域，否则不但不能提高开发效率，反而会弄巧成拙。

其实，设计模式是设计的最后步骤之一。当软件设计师将软件架构及各个部件的类与对象进行初步设计后，基本上就完成了设计的主要工作，已将大问题转换为一堆已经知道如何解决的小问题，这些小问题可以在设计与编码的迭代过程中完成。这时，选择合适的设计模式可以为软件提高灵活性，并节省宝贵的开发时间。

MVC（Model-View-Controller，模型-视图-控制器）设计模式是将应用程序的视图单元（View）、逻辑单元（Model）、控制单元（Control）3 个部分分成不同软件部件、模块的层面。Model 表示系统的数据或状态，如数据库信息，以及业务处理的封装；View 是用户看到的视图，如网页或用户 UI 界面；Control 则是系统与用户交互做出响应的部分。MVC 划分的目的是让各部分能独立逐步实现，解除软件各自不同部分之间的耦合，以确保每一个部分的改变都不影响到其他部分。

例如，Java Web 软件开发均提供了其 MVC 设计模式的开发工具，可选择的方案有：

- JSJ：JSP 作为视图（View）工具，Servlet 作为控制器（Controller），JavaBean 作为模型（Model）。
- SSH：Struts 框架提供的视图（View）与控制器（Controller），JavaBean 提供模型（Model）层。

选择好设计模式后，就用它解决较小的具体问题，并在此基础上逐步实现程序代码。

5.4　面向对象软件开发过程及最佳做法

软件开发知识：统一软件开发过程

统一软件开发过程（Unified Process，UP）是一个面向对象且基于网络的程序开发方法，它可以为所有方面和层次的程序开发提供指导方针、模板以及事例支持。统一软件开发过程把开发中面向过程的方面（例如定义的阶段、技术和实践）和其他开发的组件（例如文档、模型、手册以及代码等）整合在一个统一的框架内。

统一软件开发过程是一种面向对象编码的迭代软件开发过程。开发被组织成一系列固定的短期小项目的迭代，每次迭代都产生一个局部子系统，且都具有各自的需求分析、设计、实现和测试活动。

到此为止，我们已经明确了需求，建立了需求模型，也进行了软件体系结构的设计与类的设计，也选定了某种设计模式，现在可以进行面向对象的软件开发了。但是在面向对象软件开发中，有许多过程与细节问题需要面对，所以人们总结了一套面向对象的软件开发最佳做法。

1. 软件开发最佳做法（统一软件开发过程）

在进行面向对象软件开发时，人们总结出一套统一的软件开发过程，它们是基于面向对象开发的最佳做法。这些做法有如下一些内容：

（1）迭代式软件开发。迭代式软件开发能够有效地控制项目风险，增加对项目的控制能力，减少需求变更对项目的影响。

（2）有效地管理需求。有效地管理需求能够从一开始做起就保证质量。在软件开发一开始，就把好需求质量关，实现需求的可追溯性和需求变更的有效管理。

（3）基于构件的软件架构。采用可视化建模技术来构建以构件为基础，面向服务的系统框架，从而降低系统的复杂性，提高开发的秩序性，增强系统的灵活性和可扩展性。

（4）可视化（UML）建模。可视化建模能够有效解决团队沟通，管理系统复杂度，提高软件重用性。

（5）持续的质量验证。持续的质量验证，确保持续的软件质量验证，做到尽早测试，尽早反馈，从而确保产品满足客户的需求。

（6）管理变更。管理变更为整个软件开发团队提供基本协作平台，使团队各成员及时了解项目状况，保持项目各版本的一致性。

2. 面向对象的软件开发过程

上述面向对象软件开发的最佳做法虽然是软件迭代开发的几个关键方面，但该开发有一个基本秩序过程（见图5.9）。首先进行业务需求描述，并获取用例模型和功能列表；然后进行软件系统构架，并根据功能列表逐步完成各功能模块的设计、编码与测试；接着进入下一次迭代。下一次迭代需要完成下一个用户用例或功能列表中的功能，或者测试反馈的结果，直至完成项目，满足用户的要求。

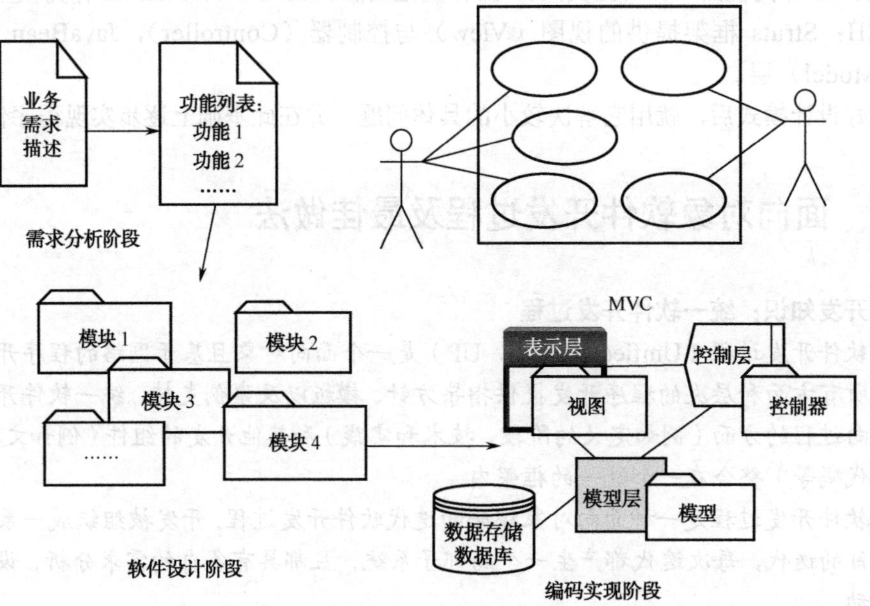

图5.9 面向对象软件开发过程示意图

从软件开发行动领域来看，开发一个软件项目过程包括：

（1）业务需求描述。

（2）建立用例模型。

（3）任务分解，将大问题分解成小问题，建立功能列表。

（4）软件系统架构，将工作秩序化。

（5）每个模块的 MVC 实现。

（6）测试检验。

（7）通过需求、用例、测试驱动下一次迭代开发。

（8）一直到满足用户需求，否则进行继续迭代。

软件开发过程的分析、设计、实现、测试活动是通过迭代完成的，后一次迭代会在更深的层次上进行分析、设计、实现、测试。每次迭代都是通过业务需求描述、用例驱动、测试、风险驱动进行的。

在对功能模块进行设计时，我们要确定哪个是最重要的，并先将焦点聚集于它上面，然后进行扩展，逐步解决其他的问题，直至完成整个列表上的功能。

小　结

本章介绍采用面向对象的方法设计软件。软件的设计是为软件编码服务的。目前绝大部分软件编码都采用面向对象的形式，即 OOP（面向对象编程）。但是，如果采用传统的方法，那么分析的结果、设计的结果与编程之间差异很大，不利于指导编码。而面向对象方法的结果（面向对象的分析、面向对象的设计）很接近于面向对象的编码，所以面向对象的设计对面向对象的编码有明显的指导作用。

面向对象的设计要描述的内容比较多，例如，对软件体系结构的描述、对各个子系统的描述、对类的描述、对处理逻辑的描述、对 MVC 各层面的描述等。一般将面向对象的设计分为高层体系结构的设计、底层类的设计两个层面。体系结构的设计分解项目为不同的子系统，以及各个子系统的组成部分。类的设计包括确定类、确定类的属性、类的方法等；每个子系统都有类，但类的设计一般主要是对业务领域类进行设计。业务领域类的设计是通过第 4 章介绍的业务领域分析类细化得到的。以业务领域设计类为基础可以得到系统的数据库设计。

习　题

一、填空题

1．面向对象软件设计与面向对象分析一样，均是采用面向对象的方法对软件的抽象与描述，只是面向对象设计比面向对象分析更接近于软件的________。

2．面向对象设计与面向对象编码很接近，如软件________的设计、________的设计、________的设计等。

3．面向对象设计类图可以从面向对象分析类图________而来。

4．面向对象体系结构设计已经将软件系统设计为：________部件、________部件、________部件、________四大部分。

5．面向对象设计的各个部件均由类与类的交互组成，所以面向对象的设计最终要落实到对这些底层________的设计。

二、思考与简答题

1．简述面向对象设计的主要内容。

2．面向对象的软件体系结构设计主要包含什么内容？

3．面向对象类的设计包含什么内容？请阐述 BCE 方法如何认识面向对象软件系统。

4．MVC 设计模式如何构造软件系统？请列举你所了解的 MVC 设计模式实现技术。

5．请解释面向对象软件开发的最佳做法。

试一试：用面向对象的方法进行软件设计

实训：用面向对象的方法进行软件设计

（一）实训内容与实验环境

本单元实训内容要求用面向对象的设计方法对“学生管理系统”进行设计。具体包括以下任务：

（1）用面向对象的观点构造软件。

（2）对学生管理系统的业务领域类进行设计。

实验环境：

● Microsoft Word。

● StarUML 或 Rose。

（二）实训方案与步骤

任务 1：用面向对象的观点构造软件

1．实训目的与要求

（1）了解面向对象设计的内容。

（2）对软件进行高层的体系结构设计与底层类的设计。

2．实训方案

（1）面向对象设计包括体系结构的设计、类的设计。体系结构的设计将系统划分成子系统。一般子系统包括用户界面子系统、数据管理子系统、任务管理子系统和业务领域子系统。类的设计是设计子系统中的类及其属性、方法。

（2）类的设计主要是领域类的设计。领域类的设计是从分析类通过加工、细化得到的。

3．实训步骤

通过第 4 章对学生管理系统的面向对象建模，可以采用某种软件开发语言（如 J2EE），对该系统进行面向对象的设计。具体步骤为：

（1）对系统进行包结构的设计，即建立软件包图。

（2）设计类（包括通过业务领域分析类图建立业务领域设计类图）。

（3）设计数据库。

（4）确定系统架构，即用户界面子系统、数据管理子系统等公共部分。

（5）根据“计算机软件开发文件编制指南（GB/T 8567—1988）”的“第二部分 软件设计说明书的编写”，编写上述设计的说明。

任务 2：对学生管理系统的业务领域类进行设计

1．实训目的与要求

（1）了解面向对象领域类的设计过程。

（2）对学生管理系统的领域类进行设计。

2．实训方案

领域类的设计是从分析类通过实现、细化得到的。先获取与完善系统的分析类图，然后通分析类图中的类名、属性、方法等的标识与细化得到设计类图。

3．实训步骤

（1）领域类的设计是从分析类通过加工、细化得到的，所以先获取与完善学生管理系统的分析类图。

（2）用标识符定义各个类名。

（3）用标识符定义各个类的属性、定义各属性的类型与可视性等。

（4）用标识符定义各类的方法，包括各参数及参数类型、返回值类型及可视性等。

（5）抽象类的公共部分，优化、完善类之间的关联关系。

第6章 按照软件设计进行编程实现并测试

学习目标

[知识目标]

- 了解软件的实现过程，即从软件设计到可使用的软件产品的过程。
- 了解软件编码相关概念，包括程序设计方法、常用程序设计语言、程序编码规范等。
- 了解软件实现中的程序编码过程及常用规范。
- 了解软件的迭代、增量实现、MVC 开发模式的实现等概念。
- 理解软件测试概念、软件测试的重要性。
- 了解软件测试方法，理解软件的白盒测试、黑盒测试方法。
- 了解软件测试过程，理解单元测试、集成测试、确认测试和系统测试的任务及其过程。

[能力目标]

- 掌握一门软件开发语言，会对已经设计好的软件进行实现。
- 会对软件进行单元测试。
- 能根据测试要求确定测试策略，能制订测试计划，设计测试用例，编写测试报告。

6.1 软件编码概述

6.1.1 从软件设计过渡到软件编码

软件最后终究要通过软件编码实现活动生产出来。软件设计完成后，就可以进行软件编码。编码时一般要根据软件设计方案进行。软件的编码实现一般要经历如下一些活动：

（1）搭建程序设计平台和环境。

（2）选择编码语言。

（3）使用数据库管理工具创建和维护数据库。

（4）按照软件设计展开程序编码。

（5）遵循编码规范编写和调试程序。

（6）非功能编码。

（7）软件测试。

（8）按照要求修改完善程序。

（9）软件打包和发布。

由于软件的编码过程非常复杂，所以按照软件设计来设计程序才能使整个活动有秩序地进行，从而最终完成开发任务。

6.1.2 程序设计方法

软件开发知识：程序设计方法

程序设计方法是在程序的编码过程中，用来构造与设计程序的方法。一般采用大小“程序模块”来构造程序，也有用“对象”来构造的，即所谓的结构化程序设计和面向对象程序设计（面向对象编程）。它们都有支持的编程语言，但目前以面向对象的编程为主。

1. 结构化程序设计

结构化程序设计是20世纪60年代中期提出来的，它主要包括两个方面。

（1）在编写程序时，强调几种基本控制结构：顺序结构、选择结构和循环结构。通过组合嵌套，形成程序的控制结构。尽可能地避免使用GOTO语句。

（2）在程序设计时，尽量采用自顶向下、逐步求精和逐步细化的原则，由粗到细步步展开。

结构化程序设计还有一些其他特征，如选择的控制结构只许有一个入口和一个出口；程序由语句组或语句块组成，并且这些语句组或语句块也只有一个入口和一个出口；复杂的结构均由基本的控制结构通过组合嵌套来实现。

2. 面向对象程序设计

在面向对象程序设计（Object-Oriented Programming，OOP）出现以前，结构化程序设计是程序设计的主流。结构化程序设计又称为面向过程的程序设计。在结构化程序设计中，问题被看作一系列需要完成的任务，过程或函数是用于完成这些任务的单元，而面向对象的程序设计以对象为编码和操作单元。对象（Object）是实现域中某些事物的一个抽象，它反映此事物在系统中需要保存的信息和发挥的作用。面向对象具备更好地模拟现实世界环境的能力。面对象程序设计具有重用性、灵活性和扩展性三大优点。目前，面向对象的程序设计已经被广泛应用，绝大多数流行语言都支持面向对象编程。

1967年，Simula67语言出现，它提供了比子程序更高一级的抽象和封装，引入了数据抽象和类的概念，标志着面向对象语言的诞生。20世纪70年代初开发出Smalltalk语言，之后又开发出Smalltalk-80语言，它们被认为是最纯正的面向对象语言。随着面向对象语言的出现，面向对象程序设计也应运而生，且得到迅速发展。

之后，面向对象不断向其他阶段渗透，1980年后逐步提出了面向对象设计、面向对象分析的概念。

面向对象程序设计支持类与对象、继承、多态等概念。由于面向对象程序设计（语言）往往较晚出现，如Smalltalk、Java，它们汲取了其他语言的一些精华，而又尽量剔除其不足之处，所以，比较面向对象程序设计和面向过程程序设计，可得到面向对象程序设计的以下优点。

（1）数据抽象的概念可以在保持外部接口不变的情况下改变内部实现，从而减少甚至避免对外界的干扰。

（2）通过继承可以大幅减少冗余的代码，并可以方便地扩展现有代码，提高编码效率，也降低了出错概率及软件维护的难度。

（3）结合面向对象分析、面向对象设计，允许将问题域中的对象直接映射到程序中，减少软件开发过程中中间环节的转换过程。

（4）通过对对象的辨别、划分，将软件系统分割为若干相对独立的部分，在一定程度上更便于控制软件的复杂度。

（5）以对象为中心的设计可以帮助开发人员从静态（属性）和动态（方法）两个方面把握问题，从而更好地实现系统。

（6）通过对象的聚合、联合，可以在保证封装与抽象的原则下实现对象在内在结构和外在功能上的扩充，从而实现对象由低到高的升级。

6.1.3 常见计算机程序设计语言

计算机所能识别的语言只有机器语言，即由 0 和 1 构成的代码。但人们编程时不采用机器语言，因为它非常难以记忆和识别。人们采用计算机语言与计算机进行通信，计算机程序设计语言是人与计算机传递信息的媒介。计算机语言的种类非常多，总的来说可以分成机器语言、汇编语言、高级语言三大类。目前通用的编程语言有两种形式，即汇编语言和高级语言。

汇编语言的本质和机器语言是相同的，都是直接对硬件进行操作，只不过指令采用了英文缩写的标识符，更容易识别和记忆。

高级语言是绝大多数编程者的选择。与汇编语言相比，它不但将许多相关的机器指令合成为单条指令，并且去掉了与具体操作有关的细节，如使用堆栈、寄存器等操作，大大简化了程序中的指令，编程者也不需要具备太多的硬件等专业知识。

高级语言主要相对于汇编语言而言，它并不是特指某一种具体的语言，而是包括了很多编程语言，如 Basic、Delphi、C、C++、Java 语言等，这些语言的语法、命令格式各不相同。高级语言所编写的程序不能直接被计算机运行，必须经过转换（编译执行或解释执行）才能被执行。

1. C/C++语言

C 语言是一种计算机程序设计语言，它既具有高级语言的特点，又具有汇编语言的特点。C 语言由美国贝尔研究所于 1972 年推出。1978 年后，C 语言先后被移植到大、中、小及微型机上。它可以作为工作系统设计语言，编写系统应用程序，也可以作为应用程序设计语言，编写不依赖计算机硬件的应用程序。它的应用范围广泛，具备很强的数据处理能力，不仅在软件开发上得到应用，而且各类科研都需要用到 C 语言。

C 语言灵活性好，效率高，可以接触到软件开发比较底层的东西。C 语言运算符丰富，表达式类型多样，可以实现其他高级语言难以实现的运算。C 语言数据结构丰富，能进行各种复杂的数据类型运算。C 语言生成的代码质量高，执行效率高，且可移植性好。

但 C 语言对使用者的要求比较高，它要求使用者既要具备丰富的 C 语言编程经验，又要具有一定的 Windows 编程基础，它的过于专业使得一般的编程爱好者学习起来会有不小的困难。

C++是从 C 语言发展而来的。C++支持面向对象的程序设计方法，特别适合大中型软件开发项目。C++是 C 语言的超级集合，C 语言编写的程序不经修改就可被 C++编译通过。C++比 C 语言更容易被人们学习和掌握。

C++继承了 C 语言的全部优点，具有极强的兼容性，是一个更好的 C，支持数据抽象，完美地体现了面向对象的各种特性。

2. Java 语言

Java 是一种简单的、面向对象的、分布式的、解释的、健壮的、安全的、结构的、中立的、可移植的、性能优异的、多线程的、动态的语言。

Java 语言最早诞生于 1991 年，那时该语言还叫 OAK，是 Sun 公司为一些消费型电子产品设计的一个通用环境。当时微软 MS C 语言及 Windows 操作系统应用非常广，Sun 公司最初的目的只是为了开发一种独立于平台的软件技术，而且在网络出现之前，OAK 可以说是默默无闻，甚至差点夭折。但是，网络的出现改变了 OAK 的命运。

当 1995 年 Sun 公司正式推出 Java 语言之后，全世界的目光都被这种神奇的语言所吸引。在 Java 出现以前，Internet 上的信息内容都是一些乏味的 HTML 文档，这对于那些迷恋 Web 浏览的人们来说简直不可容忍。他们迫切希望能在 Web 中看到一些交互式的内容，开发人员也极希望能够在 Web 上创建一类无须考虑软硬件平台就可以执行的应用程序，当然，这些程序还要有极大的安全保障。对于用户的这种要求，传统的编程语言显得无能为力，而 Sun 的工程师敏锐地觉察到了这一点。从 1994 年起，他们开始将 OAK 技术应用于 Web 上，并且开发出了 HotJava 的第一个版本。当 Sun 公司在 1995 年正式以 Java 这个名字推出的时候，得到了几乎所有 Web 开发人员的欢迎。

Java 的特点如下：

（1）平台无关性。

平台无关性是指 Java 能运行于不同的平台。Java 采用虚拟机原理，并运行于虚拟机，从而实现在不同平台的运行。使用 Java 编写的程序能在世界范围内共享。Java 的数据类型与机器无关，Java 虚拟机（Java Virtual Machine）建立在硬件和操作系统之上，实现 Java 二进制代码的解释执行功能，提供不同平台的接口。

（2）安全性。

Java 的编程类似 C++，学习过 C++的读者能很快掌握 Java 的精髓。Java 舍弃了 C++的指针对存储器地址的直接操作，程序运行时，内存由操作系统分配，避免了病毒通过指针侵入系统。Java 对程序提供了安全管理器，防止程序的非法访问。

（3）面向对象。

Java 汲取了 C++面向对象的概念，将数据封装于类中，利用类的优点实现了程序的简洁性和便于维护性。类的封装性、继承性等有关对象的特性，使程序代码只需一次编译，然后通过上述特性反复利用。程序员只需把主要精力用在类和接口的设计和应用上即可。

（4）分布式。

Java 建立在扩展 TCP/IP 网络平台上。库函数提供了用 HTTP 和 FTP 传送和接收信息的方法，这使得程序员使用网络上的文件和使用本机文件一样容易。

（5）健壮性。

Java 致力于检查程序在编译和运行时的错误。类型检查帮助检查出许多在开发早期出现的错误。Java 自己操纵内存，减少了内存出错的可能性。

Java 提供了一个功能强大语言的所有功能，几乎没有一点含混特征。C++安全性不好，但 C 和 C++被大家所接受，所以 Java 设计成 C++形式，让大家很容易学习。Java 去掉了 C++语言的许多功能，功能更精练，并增加了一些很有用的功能，如自动收集碎片。

3. Web 开发技术：ASP、JSP 与 PHP

我们知道，早先的 Web 仅可以传送文本和静态图片内容，而与用户进行互动的动态页面的出现是互联网的一次伟大革命。ASP（Active Server Pages）、JSP（Java Server Pages）、PHP（Hypertext Preprocessor）是最常用的基于 HTML 的动态 Web 网页开发语言。

ASP 是 Microsoft 开发的动态网页语言，是一个 Web 服务器端的开发环境，利用它可以产生和执行动态的、互动的、高性能的 Web 服务应用程序。ASP 采用 VBScript（JavaScript）脚本语言作为自己的开发语言，它继承了微软产品的一贯传统，只能执行于微软的服务器产品。

Sun 公司的 Java 并不是为 Internet Web 而设计的，而其推出的基于 Java 的 JSP 则是为了实现动态 Web 的开发技术。在正式发布 JSP 之后，这种新的 Web 应用开发技术很快引起了人们的关注。JSP 为创建高度动态的 Web 应用提供了一个独特的开发环境。Sun 公司借助自己在 Java 上的不凡造诣，将 Java 从 Java 应用程序发展到 JSP 的编写技术。JSP 可以在 Servlet 和 JavaBean 的支持下，完成功能强大的站点程序编写。

PHP 是一种跨平台的服务器端的嵌入式脚本语言。它大量地借用 C、Java 和 Perl 语言的语法，并耦合 PHP 自己的特性，使 Web 开发者能够快速地写出动态产生页面。它支持目前绝大多数数据库，实现了面向对象编程，具有快速的特点，同时具有很好的开放性、可扩展性和可伸缩性。PHP 是完全免费的，程序员可以不受限制地获得源码，甚至可以从中加进自己需要的特色。

JSP 同 PHP 类似，几乎可以执行于所有平台，如 Windows NT、Linux、UNIX。知名的 Web 服务器 Apache 已经能够支持 JSP。由于 Apache 广泛应用在 Windows NT、UNIX 和 Linux 上，因此 JSP 有更广泛的执行平台。

ASP、JSP、PHP 三者都提供在 HTML 代码中混合某种程序代码、由语言引擎解释执行程序代码的能力。在 ASP、PHP、JSP 环境下，HTML 代码主要负责描述信息的显示样式，而程序代码则用来描述处理逻辑。普通的 HTML 页面只依赖于 Web 服务器，而 ASP、PHP、JSP 页面需要附加的语言引擎分析和执行程序代码。程序代码的执行结果被重新嵌入到 HTML 代码中，然后一起发送给浏览器。ASP、PHP、JSP 三者都是面向 Web 服务器的技术，客户端浏览器不需要任何附加的软件支持。

此外，ASP 与 JSP 还有一个更为本质的区别：两种语言引擎用完全不同的方式处理页面中嵌入的程序代码。在 ASP 下，VBScript 代码被 ASP 引擎解释执行；在 JSP 下，代码被编译成 Servlet，并由 Java 虚拟机执行，这种编译操作仅在对 JSP 页面的第一次请求时发生。

4. SQL

SQL 全称是 Structured Query Language（结构化查询语言），它结构简洁，功能强大，简单易学，所以自从 IBM 公司 1981 年推出以来，就得到了广泛的应用。如今，无论是像 Oracle、Sybase、Informix、SQL Server 这些大型的数据库管理系统，还是像 Visual FoxPro、Access 这些微机上常用的数据库开发系统，都支持 SQL 作为查询语言。

SQL 包含 4 个部分：

- 数据查询语言（DQL，Data Query Language）：SELECT。
- 数据操纵语言（DML，Data Manipulation Language）：INSERT、UPDATE、DELETE。
- 数据定义语言（DDL，Data Definition Language）：CREATE、ALTER、DROP。

- 数据控制语言（DCL，Data Control Language）：COMMIT WORK、ROLLBACK WORK。

SQL 的优点如下：

（1）非过程化语言。

SQL 是一个非过程化的语言，因为它一次处理一个记录，对数据提供自动导航。SQL 允许用户在高层的数据结构上工作，而不对单个记录进行操作，可操作记录集。所有 SQL 语句接收集合作为输入，返回集合作为输出。SQL 的集合特性允许一条 SQL 语句的结果作为另一条 SQL 语句的输入。SQL 不要求用户指定对数据的存放方法。这种特性使用户更易集中精力于要得到的结果。所有 SQL 语句使用查询优化器，它是 RDBMS 的一部分，由它决定对指定数据存取的最快速度的手段。查询优化器知道存在什么索引、在哪儿使用合适，而用户从不需要知道表是否有索引、表有什么类型的索引。

（2）统一的语言。

SQL 可用于所有用户的 DB 活动模型，包括系统管理员、数据库管理员、应用程序员、决策支持系统人员及许多其他类型的终端用户。基本的 SQL 命令很快就能学会，最高级的命令只要几天便可掌握。SQL 为许多任务提供了命令，包括增、删、改、查询数据；控制数据的存取。

（3）所有关系数据库的公共语言。

由于所有主要的关系数据库管理系统都支持 SQL，用户可将使用 SQL 的技能从一个 RDBMS 转到另一个 RDBMS。所有用 SQL 编写的程序都是可以移植的。

5. 移动应用开发技术：Android、iOS、HTML5、JSON

移动开发也称为手机开发，或叫作移动互联网开发。是指以手机、PDA（掌上电脑）等便携终端为基础，进行相应的开发工作。目前，随着移动互联网技术的发展，移动应用开发技术发展非常迅猛。

移动应用系统开发包括多个端，每个端都可成为一个子系统。如后台子系统、移动客户端子系统与交互接口等，移动应用系统结构如图 6.1 所示。

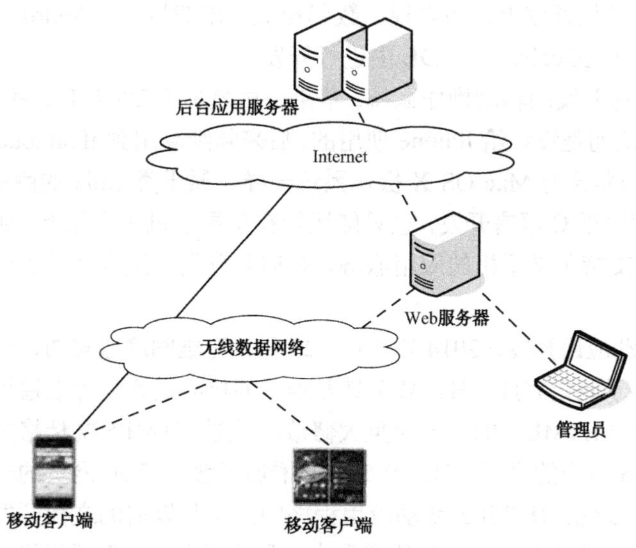

图 6.1　移动应用系统结构

（1）后台开发。

后台开发可以用前面介绍的 Java、.Net、PHP、SQL 等开发语言，主要是完成传统的日常业务处理工作。如果这些业务处理涉及到移动客户端，则需要通过接口与移动客户端交互。

另外，移动客户端（如手机端）需要开发客户端子系统，处理从后台获取的信息，或者向后台子系统提出自己的请求。

这些工作是通过数据接口技术来完成的。

（2）移动客户端开发。

移动客户端是物理独立的子系统，它存储与运行在手机等移动设备上，由移动操作系统（如Android、iOS等）支持其运行。

移动客户端子系统需要独立开发出来。它在移动设备上通过无线技术、数据接口技术等与后台子系统进行交互，从而形成一个完整的移动应用系统。

移动开发技术常用的包括Android、iOS、HTML5等，而接口开发技术常用的有JSON等。

基于移动技术开发的应用系统，其技术结构图如图6.2所示。

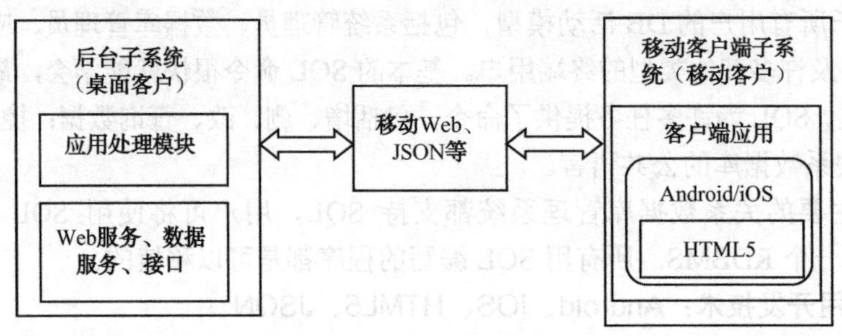

图6.2　移动开发技术结构图

Android（安卓）是一种基于Linux的自由及开放源代码的操作系统，主要用于移动设备，如智能手机和平板电脑，由Google公司和开放手机联盟领导及开发。Android操作系统最初由Andy Rubin开发，主要支持手机。第一部Android智能手机发布于2008年10月。Android逐渐扩展到平板电脑及其他领域上，如电视、数码相机、游戏机等。Android客户端应用程序开发以Java为基础，可以在eclipse等IDE中进行开发。

iOS是由苹果公司开发的移动操作系统。苹果公司最早于2007年1月9日的Macworld大会上公布这个系统，最初是设计给iPhone使用的，后来陆续套用到iPod touch、iPAD以及Apple TV等产品上。iOS与苹果的Mac OS X操作系统一样，属于类Unix的商业操作系统。iOS苹果移动客户端应用程序以C语言开发，且只能运行在苹果手机等产品上。如果服务商想推出既支持Android手机又支持苹果手机的应用服务，则需要分别开发两套基于这两款手机的客户端应用程序。

HTML5支持移动应用开发。2014年10月29日，万维网联盟宣布，经过接近8年的艰苦努力，该标准规范终于制定完成。HTML5是万维网的核心语言、标准通用标记语言下的一个应用超文本标记语言（HTML）的第五次重大修改。通过HTML5文档格式实现了从普通桌面Web应用到移动Web应用的升级。HTML5不但增加了普通Web网页的表现力，而且能在移动设备上进行良好的展现。HTML5移动应用程序的开发与以前的文档开发格式一样，具有简单易学的特点，在移动设备上具有丰富的表现力，且跨平台、不受手机操作系统的限制，能同时支持Android、iOS等类型手机。

JSON是JavaScript Object Notation的缩写，是基于JavaScript编程语言ECMA-262 3rd Edition-December 1999标准的一种轻量级的数据交换格式，主要用于在移动客户端与服务器之间进行数据交换。它独立于语言，在跨平台数据传输上有很大的优势。JSON 采用完全独立于编程语言的文本格式来存储和表示数据。JSON 具有简洁和清晰的层次结构，易于人阅读和编写，也易于机器解析和生成，可以有效地提升网络传输速率，所以它是一种理想的数据交换语言。移动应用程序通过 JSON 在后台与移动端实现实时数据交换，从而实现前后台之间的交互与移动应用。

6.1.4　常用软件开发工具

在软件开发过程中，使用软件开发工具（又称集成开发环境，英文缩写为 IDE）可以提高编程的效率，保障程序质量。市场上有大量成熟的产品供程序员开发时选用，如 Trubo C、Delphi、PowerBuilder、Visual Studio、JBuilder、Eclipse 等。但目前软件开发用得比较多的是 Visual Studio、Eclipse 等。

1. Visual Studio

Visual Studio 是微软公司推出的开发环境，是目前最流行的 Windows 平台应用程序开发环境，目前已正式发布的是 Visual Studio 9 版本。

Visual Studio 是一套完整的开发工具，用于生成 ASP.NET Web 应用程序、XML Web services、桌面应用程序和移动应用程序。Visual Basic、Visual C# 和 Visual C++ 都使用相同的集成开发环境（IDE），这样就能够进行工具共享，并能够轻松地创建混合语言解决方案。Visual Studio 可以用来创建 Windows 平台下的 Windows 应用程序和网络应用程序，也可以用来创建网络服务、智能设备应用程序和 Office 插件。

1992 年 4 月，微软发布了革命性的操作系统 Windows 3.1，把个人计算机引进了真正的视窗时代。微软在原有 C++开发工具 Microsoft C/C++ 7.0 的基础上，开创性地引进了 MFC（Microsoft Foundation Classes）库，完善了源代码，成为 Microsoft C/C++ 8.0，也就是 Visual C++ 1.0，并于 1992 年发布。Visual C++ 1.0 是真正意义上的 Windows IDE，这也是 Visual Studio 的最初原型。虽然以现在的眼光来看这个界面非常简陋和粗糙，但是它脱离了 DOS 界面，让用户可以在图形化的界面下进行开发，把软件开发带入了可视化（Visual）开发的时代。

1998 年，微软公司发布了 Visual Studio 6.0。所有开发语言的开发环境版本均升至 6.0。这也是 Visual Basic 最后一次发布，从下一个版本（7.0）开始，Microsoft Basic 进化成了一种新的面向对象的语言：Microsoft Basic.NET。

2002 年，随着.NET 口号的提出与 Windows XP/Office XP 的发布，微软发布了 Visual Studio .NET（内部版本号为 7.0）。在这个版本的 Visual Studio 中，微软剥离了 Visual FoxPro 作为一个单独的开发环境，以 Visual FoxPro 7.0 单独销售，同时取消了 Visual InterDev。

2005 年，微软发布了 Visual Studio 2005。.NET 字眼从各种语言的名字中被抹去，但是这个版本的 Visual Studio 仍然还是面向.NET 框架的。它同时也能开发跨平台的应用程序，如开发使用微软操作系统的手机程序等。总体来说，这是一款非常庞大的软件，甚至包含代码测试功能。

这个版本的 Visual Studio 包含众多版本，分别面向不同的开发角色，同时还提供永久免费的 Visual Studio Express 版本。

微软为单独工作或在小型团队中工作的专业开发人员提供了两种选择，分别是 Visual Studio 2005 Professional Edition 和用于 Microsoft Office 系统的 Visual Studio 2005 工具。每种版本都在标准版的特性上进行了扩展，包括用于远程服务程序开发和调试、SQL Server 2005 开发的工具，以及完整的、没有限制的开发环境。每种产品都可以单独购买或打包定购。

2007 年 11 月，微软发布了 Visual Studio 2008。2010 年 4 月，微软发布了 Visual Studio 2010 以及 Frame Work 4.0。2012 年 9 月 12 日，微软在西雅图发布了 Visual Studio 2012。

使用 Visual Studio 可以创建满足关键性要求的多层次的智能客户端、Web、移动和基于 Microsoft Office 的应用程序。

微软打破了 Visual Studio 两年升级一次的传统，在 Visual Studio 2012 发布还不足一年时，微软就计划发布 Visual Studio 2013 了。Visual Studio 2013 新增了代码信息指示（Code Information Imdication）、团队工作室（Team Room）、身份识别、Net 内存转储分析仪、敏捷开发项目模板、Git 支持以及强大的单元测试支持。

2. Eclipse

Eclipse 是一个开放源代码的、基于 Java 的可扩展开发平台。就其本身而言，它只是一个框架和一组服务，用于通过插件组件构建开发环境。幸运的是，Eclipse 附带了一个标准的插件集，包括 Java 开发工具（Java Development Tools，JDT）。

Eclipse 最初是由 IBM 公司开发的替代商业软件 Visual Age for Java 的下一代 IDE 开发环境，2001 年 11 月贡献给开源社区，现在它由非营利软件供应商联盟 Eclipse 基金会（Eclipse Foundation）管理。

Eclipse 是著名的、跨平台的自由集成开发环境（IDE），最初主要用来开发 Java 语言，但是目前亦有人通过插件使其作为其他计算机语言，例如 C++和 Python 的开发工具。Eclipse 本身只是一个框架平台，但是众多插件的支持使得 Eclipse 拥有其他 IDE 软件很难具有的灵活性。许多软件开发商以 Eclipse 为框架开发自己的 IDE。

虽然大多数用户将 Eclipse 当作 Java IDE 来使用，但 Eclipse 还包括插件开发环境（Plug-in Development Environment，PDE），这个组件主要针对希望扩展 Eclipse 的软件开发人员，因为它允许他们构建与 Eclipse 环境无缝集成的工具。由于 Eclipse 中的每样东西都是插件，对于给 Eclipse 提供插件以及给用户提供一致和统一的集成开发环境而言，所有工具开发人员都具有同等的发挥平台。

Eclipse 是真正可扩展和可配置的，它采用插件机制，可以集成第三方提供的插件，从而扩展了平台的功能。另外，Eclipse 平台提供的插件开发功能为插件开发提供强大的开发服务支持。

Eclipse 支持众多开发语言，它只是给开发者提供了一个可扩展系统功能的最小核心。只要安装相应语言的插件，Eclipse 就可以支持多种语言的开发，如 C、COBOL、Perl、PHP 等。Eclipse 提供的对多重平台特性的支持，如 Windows、Linux、UNIX 等，使开发者不会由于平台不同而遭遇困境。

Eclipse 具有强大的行业背景力量，Eclipse 基金会吸收了大量学术研究机构、商业组织，领导 Eclipse 的长远规划和发展，并确保 Eclipse 处于软件工具行业的领先地位。

与 Eclipse 齐名的同类型开发工具还有 Sun MicroSystems 公司的 NetBeans。

6.1.5 选择计算机程序设计语言并建立软件开发环境

在动手对程序进行编码前，首先要选择计算机程序设计语言与软件开发工具，安装并建立软件开发与编码环境。

为了使程序容易测试和维护，所选择的计算机语言应具有理想的模块化机制以及可读性好的控制结构和数据结构。为了便于测试和维护，提高软件的可靠性，所选择的编译程序应尽可能地发现程序中的错误。为了降低软件开发和维护成本，选择的语言应该有良好的独立编译机制。

但在实际选择过程中，必须同时考虑实际方面的限制，所以有一些使用标准。重要的使用标准主要有如下几条。

（1）系统用户的要求。如果用户由于各种原因指定了某种开发语言，或所开发的软件系统由用户维护，则选择的开发语言要满足用户的要求或直接由用户指定。

（2）可以使用的编译程序。运行目标系统的环境所提供的编译程序往往限制了所选用的语言的范围。

（3）可以得到的软件开发工具。如果某种计算机语言有现有的支持程序开发的软件可以利用，则目标系统的实现和验证都变得比较容易。

（4）软件的规模。如果软件的规模庞大，则应选择大型软件的开发工具；如果软件的规模比较小，则可选择开源的软件开发工具。

（5）程序员的知识。虽然有经验的程序员学习一种新的计算机语言并不困难，但要完全掌握一种新的语言则要经过实践。如果有可能，应尽量选择一种已经为程序员所熟悉的语言。

（6）软件可移植性要求。如果目标程序将要在不同的计算机系统平台上运行，则选择一种标准化程度高、跨平台的、程序移植性好的计算机开发语言就显得非常重要。

（7）软件的应用领域。通用的计算机语言实际上不是所有的领域都适用。例如，ASP、JSP、PHP 适用于网站开发；C 语言和 Java 语言适用于实际应用系统和嵌入式系统的开发。

当计算机程序设计语言和开发工具选择好后，就要安装与建立软件开发的环境。这些工作做好后，就可以正式进行程序编码了。但在程序编码前，还要制定项目的软件开发与程序编码规范。

6.1.6　制定程序编码规范

在开发软件前，一般要制定项目组的开发规范，以便小组各成员之间协同工作，从而提高软件质量和开发效率。其中，项目的程序编码规范是其中的重要部分。程序编码规范是一种编码原则，它强调程序代码具有好的风格，要清晰、易读。程序按某一规范编写，不仅有利于编写程序的人员明白程序的含义，也有利于参与维护和测试的人员理解和读懂程序，使其能更好地工作。使编写的程序具有良好的风格对于节省开发时间具有重要的作用。

软件开发知识：程序编码规范

好程序的一个重要特征是具有可读性。如果一个程序的所有功能都实现了，但其可读性差，也不算是一个好程序。可读性好可以通过程序编码规范来保证，它包括规范化的命名、视觉好的排版及友好的注释等。

1. 命名规范

大型软件的程序包括变量名等标识符，如果不遵循规范的命名方式，每个标识符的含义和作用就不容易记住，可能会造成理解上的差异。常用的命名规范是匈牙利命名法。匈牙利命名法是微软推广的一种关于变量、函数、对象等各种类型的标识符的命名规范。其主要思想是：在变量和函数名中加入前缀，以增进人们对程序的理解。

另外，标识符的命名要注意：

- 标识符的名字应能反映所代表的实际东西，即名字应有实际的意义。
- 命名时要选择精练、意义明确的名字。
- 必要时使用缩写名字，但缩写规则要一致。
- 在一个程序中，一个变量只用于一种用途。

2. 程序的注释

注释是软件可读性的具体体现，是程序员和日后的程序读者之间交流的重要手段。正确的注释可为测试和维护等后续阶段提供明确的指导。因此，程序的注释绝不是可有可无的。大多数程序设计语言允许用自然语言来写注释，这就为程序阅读带来了方便。程序注释有序言性注释和功能性注释两种。

（1）序言性注释。序言性注释是每个程序中置于程序开头部分的注释，它给出程序整体的说明，对理解程序本身具有引导作用。序言性注释可包括程序标题、本模块功能说明、主要算法、接口说明等。

（2）功能性注释。功能性注释嵌套在程序体中，用以描述该段语句、程序段的含义或执行后的结果。

3. 书写和排版规范

在书写程序和排版时，可利用空格、空行、移行等来提高程序的可视化程度。这些内容主要包括：

- 恰当地利用空格，突出运算优先性，避免运算错误。
- 自然程序段间可用空行隔开。
- 对于选择语句和循环语句，程序段语句向右做阶梯式移行，可使程序逻辑结构清晰，层次分明。

6.1.7 制定编程的过程标准

由于软件的规模和复杂性等原因，在实际软件开发过程中，多数软件都是以团队的形式开发的。团队的开发不像个人形式的开发那么简单，团队各个成员的工作效率不是“1+1=2”的简单相加。如果团队的开发形式处理得好，则可以得到“1+1>2”的效果；否则，如果成员之间沟通不畅，缺少默契，则可能是“1+1<2”。

由于团队成员的配合、协调工作的重要性，在开始编写代码时应建立开发组织所遵循的统一标准和规范，并有相应的过程定义、文档及质量要求，使得所有的开发人员按照标准进行开发，使人员之间的沟通顺畅。

现在许多软件公司都建立了自己内部的编写代码要求及使用的风格、排版格式和内容标准，这样每个阅读代码和相关文档的人都会理解程序的逻辑结构。如果遇到公司开发团队人员变动的情况，能很快地解决人员之间的任务交接问题，以避免影响整个团队项目的开发。

6.2 程序编码过程

程序编码过程是真正的软件的程序代码的生产阶段。虽然已经有了设计，但软件的程序编码仍是一个复杂的过程。软件设计只是程序编码更高层次级别的抽象，而编码是在软件设计方案指导下，用具体的编码语言实现计算机能运行的所有程序。

程序编码不仅仅是简单地用键盘“敲”程序代码，而是需求、分析、设计、敲代码、测试、调试等活动的综合、迭代和进化过程。在这个过程中，要不断地调整以适应技术、工具、人员及组织模式的变化。

软件编码根据软件设计方案组织进行。面向对象范型到处使用模型，如采用一套UML图表的模型。UML（统一建模语言）是用来表示（模拟）目标软件的工具。每一个UML图表均表示要开发的软件产品一个或多个方面的特征，它使软件专业人员相互之间能够更快速和准确地进行沟通。

6.2.1 迭代、增量的开发过程

现在流行的面向对象方法是一个迭代和递增方法，其每个工作的流程都由一系列步骤组成。为了完成该工作，需要重复执行该工作流的步骤，直至开发出小组成员认可的UML精确的模型。几乎没有一个软件工程师能将各个工作任务一次性完成，也没有必要一次性完成，只要能通过多次迭代、递增，不断修改、完善，最终完成能满足用户的软件产品即可。

其实，迭代与递增开发有如下一些优点。

- 它提供检查软件产品是否正确的多次机会。
- 在软件开发的早期就可以确定软件结构的健壮性。
- 能较早地发现风险，从而控制与减少风险。
- 总是能确定其一个工作版本。

程序编码时可根据软件设计展开，如先进行软件体系结构及其各个子系统的代码编写，然后分别对各功能模块进行开发。每个功能模块包括用户界面编码、业务处理逻辑编码、程序过程控制编码。在程序设计时，可以按模块的层次进行，如表示层（View）、模型层（Model）和控制层（Controller）；在编写代码时，可以选择MVC开发模式及相应的框架，以加快软件的开发速度。

6.2.2 选择某种MVC开发模式的工具编码

任何一个模块的实现都存在用户界面部分、控制部分、数据与业务处理部分的编码。这些编码可以混在一起编写，也可以分开编写。如果将这3部分代码分开编写，并能提供各层的通用工具，则能进一步对软件解耦，提高软件的复用度和程序的开发效率。目前已经有许多开发工具提供表示层、模型层、控制层分层的开发模式（即MVC开发模式）。

MVC各层的开发均可采用一些工具（一些半成品，又称框架），通过复用这些工具能直接构造各层的功能。如果这些开发工具能自动创建某个层次所需的支持类，那么就没有必要在设计中考虑这些支持类，只需设计开发环境没有的内容。

MVC开发模式具有以下优点。

（1）使软件降低耦合性，从而降低系统的复杂程度。

（2）使软件具有高重用性和可适用性，提高软件的灵活性及开发效率。

（3）使开发和维护技术含量降低，从而降低开发成本。

（4）缩减开发时间，使程序员集中精力于业务逻辑，使界面程序员集中精力于表现形式。

（5）分离视图层和业务逻辑层，使得系统更易于维护和修改。

（6）由于不同的层各司其职，每一层不同的应用具有某些相同的特征，故有利于通过工程化、工具化管理程序代码。

由于基于 MVC 开发模式的开发工具内部原理比较复杂，所以需要花费一些时间去精心计划，去考虑如何将 MVC 运用到应用程序中。同时，由于模型和视图要严格分离，因此给调试应用程序带来了一定的困难。虽然要对每个使用的构件进行彻底的测试，但一旦经过测试，就可以毫无顾忌地重用它了。由于将一个应用程序分成了 3 个部件，所以使用 MVC 意味着将要管理更多的文件。其实，这个问题比起它所能带给我们的好处是不值一提的。另外，MVC 并不适合小型甚至中等规模的应用软件。如果你有能力应付 MVC 所带来的额外工作和复杂性，它将会使你的软件在健壮性、代码重用和结构方面上一个新的台阶。

6.2.3 通过迭代开发直至满足用户需求

在具体的开发过程中，软件的编码是与需求、分析、设计、测试等过程在一起循环迭代进行的。每次迭代均在以前的基础上增加一些内容，提高一个层次。每次迭代需要一个驱动力，这些驱动力可以是一个新的需求、一个新的测试结果、一个新的用户用例，所以软件的开发与演进可以通过需求驱动、测试驱动、用例驱动进行。

当软件中某一程序编码告一段落后，就可以通过测试检验其是否达到用户要求或设计要求了。软件的测试分为不同层次，如果某段程序不能体现整体功能的，则是单元测试；如果将不同的程序集成在一起，其运行能体现整体的功能，则该测试称为集成测试；如果开发的软件脱离开发环境，进入模拟的实用环境进行安装与运行测试，则称为系统测试。总之，通过不同层次的测试、修改、再测试、再修改、再测试，直至能满足用户的需求为止。

当测试人员发现程序出现错误后，程序员需要找到这个错误，并修改程序，以改正该错误。在这些程序中找到这个错误并改正的过程称为程序的调试。程序调试的步骤一般有：①重现故障；②综合利用各种调试工具和调试方法定位根源；③探索和实现解决方案；④通过回归测试验证问题是否解决。

6.3 按照用户需求和软件设计测试软件

6.3.1 软件测试概述

软件开发知识：通过测试的软件才算开发完成

软件编码完成不能认为软件已经开发完成，只有通过了软件测试才能认为开发完成。软件的质量在软件的生命周期中占有很重要的作用，甚至是软件开发成功的决定因素。软件测试是保证软件质量的一个重要手段，但如何通过测试来发现与解决软件质量问题是一项庞大而复杂的工作。

1. 软件测试的概念与重要性

软件的质量是软件的生命，只有高质量的软件才能得到用户的认可，从而实现软件的价值。测试是保证软件质量的一个重要手段。在软件开发过程中，无论怎样形容测试的重要性都不为过，软件可能由于某种质量问题导致最终的失败。软件需要在开发过程中测试、测试、再测试。

软件测试是为了发现程序中的错误而执行程序的过程。软件测试是在软件正式投入运行前，对软件的需求分析、设计规格说明和编码的最终复审，是质量保证工作最为关键的一个环节。但测试不是为了证明程序的正确而进行的，而是为了尽可能地发现迄今为止尚未发现的错误。软件在交付前要经过的测试如图 6.3 所示。

图 6.3　软件在交付前要经过充分的测试

由于软件本身复杂，软件测试也是个复杂的过程。软件测试有不同的类型及方法。

2. 软件的错误类型

程序的错误类型非常多，如功能错误、系统错误、数据错误、代码语法错误、代码逻辑错误及其他错误等。引起这些错误的情况也多种多样，如由需求分析、软件设计不足引起；由程序编码中的语法错误或逻辑错误引起；由需求变化引起；由文档错误、版本错误或硬件出错等各种情况引起。

3. 软件测试方法

软件测试按照程序是否被执行来分，有静态（分析技术）测试与动态测试之分；按照是否要分析程序内部结构来分，又有白盒测试与黑盒测试之分。

静态分析技术不执行被测软件，只对需求分析说明书、软件设计说明书、源程序做结构检查，通过流程分析、符号执行来找出软件错误，又称程序走查。通过执行被测试程序而发现程序的错误，则称为动态测试。动态测试方法又包括黑盒测试方法和白盒测试方法。

如果将程序看成是一个黑盒子，完全不考虑程序的内部结构和处理过程，通过程序接口动态执行被测程序而进行的测试，称为黑盒测试。黑盒测试只检查程序功能是否能按文档中的规定进行正确使用，程序能否正确地接收输入数据并产生正确的输出数据。黑盒测试又称功能测试。

不论采取什么样的测试方法，软件的测试原则上是要求对程序的各种可能情况进行测试，即穷尽所有的可能。但是，在实际程序中，穷尽所有的测试一般是做不到的，所以测试不可能发现程序中的所有错误。软件测试的目的是尽可能发现程序中的错误，保证软件的可靠性。因此必须仔细设计测试方案，力争可能穷尽各种类型。

黑盒测试法有如下 3 种技术方法。

- 等价类划分法。等价类划分法是将输入数据划分为若干等价类，从每个等价类中取一个有代表性的情况作为测试用例进行测试，以便尽可能地测试软件的各种情况。
- 边界值分析法。一般来说，系统的边界情况容易发生错误，所以人们采用边界值分析法重点对各种边界值设计测试用例进行测试。被测程序在边界值及其附近进行运行，以暴露程序中隐藏的错误。
- 错误猜测法。错误猜测法是指测试者猜测程序中哪些地方容易出错，然后为这些地方设计测试用例进行测试。这种测试方法的特点是依赖于测试人员的直觉和经验，具有局限性和主观性的缺点。

白盒测试是把程序看成一个透明的盒子，在完全了解程序的结构和处理过程的情况下对软件进行测试。白盒测试按照程序内部的逻辑结构测试程序，检验其每个通路是否能按要求正确工作。白盒测试又称结构测试。

白盒测试主要有如下两种技术方法。

- 逻辑覆盖测试法。逻辑覆盖测试法是以程序内部结构为基础设计测试用例的技术。这一方法需要程序员了解程序的结构，然后设计测试用例去覆盖这些逻辑结构。例如，语句结构覆盖、条件结构覆盖等。
- 路径覆盖测试法。逻辑覆盖强调的是程序的结构而忽略了程序的执行结构，使用路径覆盖测试法则弥补了这一缺点，它对程序结构中每一条可能的路径至少执行一次；如果程序中含有循环，则保证每个循环至少执行一次。

4. 软件测试过程

软件需要经过严格、充分地测试，因为软件开发商不希望软件由于某个方面没有得到测试而承担风险。软件要得到充分的测试，其过程非常复杂。在软件测试的设计和执行过程中，人们总结出了一些步骤，具体如下：

（1）获取需求、功能设计、详细设计和其他必需的文档。

（2）确定项目相关人员和他们的责任，汇报需求。

（3）确定测试的阶段——单元测试、集成测试、确认测试、系统测试等。

（4）确定与准备测试环境，如软件、硬件、通信环境等。

（5）确定测试工具环境，如记录/回放工具、覆盖率分析器、测试跟踪、问题跟踪等。

（6）制订测试计划，安排测试人员，准备测试文档要求和评审要求。

（7）设计测试用例，包括该用例的覆盖范围、用例的输入、预期的输出及操作步骤。

（8）获取和安装需测试的软件版本。

（9）执行测试，记录、评价和汇报测试结果。

（10）跟踪问题和修改，并进行再测试。

（11）在整个生命周期内维护和修改测试计划、测试用例、测试环境和测试工具。

软件测试过程如图 6.4 所示。

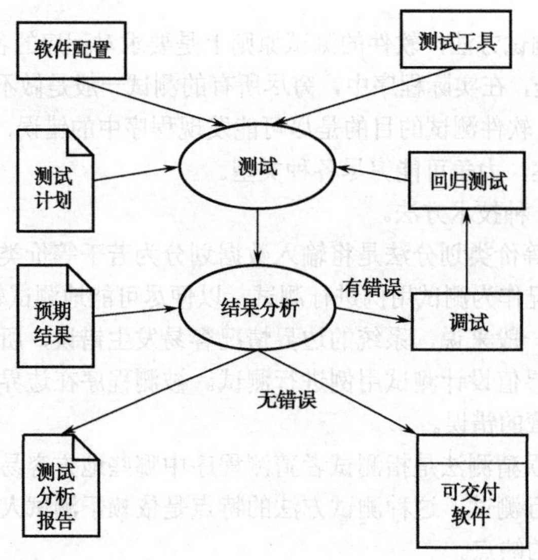

图 6.4　软件测试过程

6.3.2　软件测试阶段

软件测试是一个庞大的过程，它包括单元测试、集成测试、确认测试、系统测试等阶段。每个测试阶段的任务如下。

（1）单元测试又称模块测试，是对软件中的最小单位程序模块进行的测试。程序员将某一程序模块编写完成后就可以进行单元测试，以进行正确性检验。

（2）集成测试是将各个程序模块集成、组装在一起，形成完整的软件系统时的测试。集成测试更像是软件的正规测试，须经过精心计划来完成。

（3）经过集成测试，已经按设计要求把所有模块组装成一个完整的系统，各种错误也已经基本排除，接下来就需要进一步验证软件的有效性，即验证软件的功能、性能及其他特征是否与用户的要求一致，这就是确认测试。

（4）系统测试是将通过确认测试的软件作为一个完整的计算机软件产品，与计算机的硬件、外部设备、其他支撑软件、数据和操作人员等一起，在实际的运行环境系统中进行类似确认测试的测试。系统测试的目的在于确认在实际环境中软件的功能、非功能等需求是否能满足用户的需求。

1. 单元测试

单元测试是以软件中各程序模块为单位进行测试。由于各个程序模块往往还不能单独运行，这时测试需要借助一些辅助程序进行，即需要一个模拟主程序，以调用该程序模块，以及模拟其被调用模块的子程序。通过单元测试，重点检验该被测程序模块的接口、内部数据结构、处理逻辑流程、错误处理等。

（1）单元测试步骤。

在源程序代码编制完成后，经过评审和验证确认没有语法错误之后，就开始进行单元测试的准备，进行测试用例设计。

在设计测试用例时，利用设计文档可以验证程序功能，尽可能找出程序的错误。测试用例对于每一组输入都应有预期的正确结果以及执行该测试用例的操作步骤。

（2）单元测试环境。

程序模块并不是一个独立的程序，在测试程序模块时，需要考虑它和外界的联系，用一些辅助模块去模拟与被测模块相联系的其他模块。这些辅助模块分为两种，如图6.5所示。

① 驱动模块：相当于被测模块的主程序。它接收测试数据，把这些数据传送给被测模块，最后输出实测结果。

② 桩模块：用以代替被测模块调用的子模块。桩模块可以做少量的数据操作，不需要把子模块的所有功能都带进来，但不允许什么事情也不做。

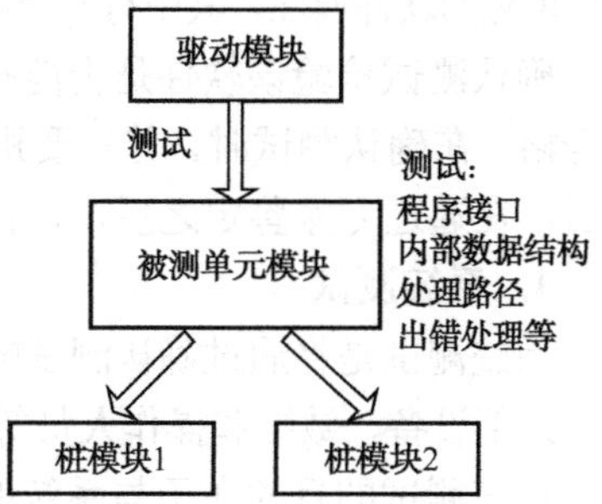

图6.5　单元测试环境

2. 集成测试

集成测试又称组装测试或综合测试，是在单元测试的基础上，将所有模块按照设计要求组装成为整体系统而进行的测试。集成测试主要测试以下内容：在把各个模块连接起来时，穿越模块接口的数据是否会丢失；一个模块的功能是否会对另一个模块的功能产生不利的影响；各个子功能组合起来，能否达到预期要求的功能；全局数据结构是否有问题等。

（1）集成测试方法。

集成测试可采用两种方式执行，分别是非增值式集成方法和增值式集成方法。

① 非增值式集成方式，即将经过测试的各程序模块一次性组装在一起形成软件整体，然后对这个软件进行整体测试，最终得到需要的软件系统。

② 增值式集成方式，即先对各模块进行单元测试，然后将这些模块逐步集成为一个较大的系统，在组装的过程中边连接边测试，以发现连接过程中产生的问题。待该问题解决后，再连接下一个模块，这样能缩小问题的范围，有利于问题的解决。

（2）组装测试的组织和实施。

组装测试是一种正规测试过程，必须精心计划，并与单元测试的完成时间协调起来。集成测试应由专门的测试小组测试，安排好测试计划、测试环境和测试人员，设计好测试用例并进行测试的执行。

进行测试时应记录测试中实际出现的各种情况，编写成测试报告。测试报告记录测试的实际结果、测试中发现的问题、解决问题的方法以及解决之后再次测试的结果。此外，还应提出目前尚不能解决、需要相关人员注意的一些问题，并提出今后处理的意见。

（3）集成测试的执行。

按照测试用例进行执行，并编写测试结果报告，反馈错误信息给程序员修改，并进行错误的跟踪与回归测试。

（4）集成测试完成的标志。

通过测试并不能找出程序中的所有错误，那么如何才算完成了集成测试呢？以下几种情况可以算是集成测试完成的标准。

① 成功完成测试计划中所有集成测试。

② 修正了在集成测试中发现的错误。

③ 专门小组评审通过集成测试结果，并认为软件的质量达到了应用要求。

3. 确认测试

确认测试又称有效性测试，用户验证软件功能和性能及其他特性是否与用户要求一致。对软件功能和性能的要求在软件需求规格说明书中已经明确规定，软件需求规格说明书中已经定义了全部用户可见的软件属性，其中有一节叫有效性准则，它包含的信息就是软件确认测试的基础。

确认测试检验该软件是否能按用户提出的要求运行。若能达到用户要求，则说明开发的软件合格。在确认测试时，首先要进行有效性测试以及软件配置复审，然后进行验收测试和安装测试，在通过专家鉴定之后，才能成为可交付的软件。

4. 系统测试

系统测试是将通过确认测试的软件作为整个计算机系统的一个组成部分，与硬件、支持软件、外部设备、数据和操作人员等一起，在实际的运行环境中进行集成测试和确认测试。

系统测试的目的在于与系统的需求定义做比较，发现与系统定义不符的地方，其测试用例根据需求分析说明书进行设计，并在实际使用环境中运行。

测试前要做严格的测试计划，测试时要编写测试分析报告。检测报告的编写见“附录A 计算机软件开发文件编制指南（GB/T8567—1988）”的“第五部分 测试分析报告的编写”。通过系统测试的软件就可以正式投入使用了。

6.3.3　软件测试用例设计案例

引导案例

判断三角形程序的测试用例设计（等价类划分法）

一个软件的测试用例要完整地覆盖各个功能及操作。本小节采用一个经典的判断 3 个数是否能构成一个三角形的程序，介绍如何用等价类划分法设计测试用例。通过该案例，读者还可以了解测试用例的设计过程与注意事项。

1. 用等价类划分法设计测试用例

问题：某软件规定，"输入 3 个整数 a、b、c，分别作为三条边的边长构成三角形。通过程序判定所构成的三角形类型，当此三角形为一般三角形、等腰三角形及等边三角形时，分别做计算"。用等价类划分法为该软件设计测试用例。

分析：三角形问题的复杂之处在于输入与输出之间的关系比较复杂。首先分析题目中给出和隐含的对输入条件的要求，这些条件与要求归纳如下：

a、b、c 这 3 个数分成如下一些情况：

（1）整数。

（2）3 个数。

（3）非零数。

（4）正数。

（5）两边之和大于第三边。

（6）等腰。

（7）等边。

如果 a、b、c 满足条件（1）～（4），则输出下列 4 种情况之一：

（1）如果不满足条件（5），则程序输出为"非三角形"。

（2）如果三条边相等，即满足条件（7），则程序输出为"等边三角形"。

（3）如果只有两条边相等，即满足条件（6），则程序输出为"等腰三角形"。

（4）如果三条边都不相等，则程序输出为"一般三角形"。

否则，输出"输入无效"。

表 6.1 分析等价类的划分并对各等价类进行编号。

表 6.1　等价类划分的分析与编号

<table>
<tr><td rowspan="8">输入条件</td><td rowspan="8">输入3个数</td><td>有效等价类</td><td>号　码</td><td colspan="2">无效等价类</td><td>号　码</td></tr>
<tr><td rowspan="7">整数</td><td rowspan="7">1</td><td rowspan="3">一个为非整数</td><td>a 为非整数</td><td>12</td></tr>
<tr><td>b 为非整数</td><td>13</td></tr>
<tr><td>c 为非整数</td><td>14</td></tr>
<tr><td rowspan="3">两个为非整数</td><td>a、b 为非整数</td><td>15</td></tr>
<tr><td>b、c 为非整数</td><td>16</td></tr>
<tr><td>a、c 为非整数</td><td>17</td></tr>
<tr><td>三个为非整数</td><td>a、b、c 均为非整数</td><td>18</td></tr>
</table>

续表

<table>
<tr><td rowspan="22">输入条件</td><td rowspan="22">输入3个数</td><td>有效等价类</td><td>号　码</td><td colspan="2">无效等价类</td><td>号　码</td></tr>
<tr><td rowspan="7">3 个数</td><td rowspan="7">2</td><td rowspan="3">只给一个边</td><td>只给 a</td><td>19</td></tr>
<tr><td>只给 b</td><td>20</td></tr>
<tr><td>只给 c</td><td>21</td></tr>
<tr><td rowspan="3">只给二个边</td><td>只给 a、b</td><td>22</td></tr>
<tr><td>只给 b、c</td><td>23</td></tr>
<tr><td>只给 a、c</td><td>24</td></tr>
<tr><td colspan="2">给出三个边以上</td><td>25</td></tr>
<tr><td rowspan="7">非零数</td><td rowspan="7">3</td><td rowspan="3">一边为 0</td><td>a 为 0</td><td>26</td></tr>
<tr><td>b 为 0</td><td>27</td></tr>
<tr><td>c 为 0</td><td>28</td></tr>
<tr><td rowspan="3">二边为 0</td><td>a、b 为 0</td><td>29</td></tr>
<tr><td>b、c 为 0</td><td>30</td></tr>
<tr><td>a、c 为 0</td><td>31</td></tr>
<tr><td colspan="2">三边均为零</td><td>32</td></tr>
<tr><td rowspan="7">正数</td><td rowspan="7">4</td><td rowspan="3">一边<0</td><td>a<0</td><td>33</td></tr>
<tr><td>b<0</td><td>34</td></tr>
<tr><td>c<0</td><td>35</td></tr>
<tr><td rowspan="3">二边<0</td><td>a<0 且 b<0</td><td>36</td></tr>
<tr><td>b<0 且 c<0</td><td>37</td></tr>
<tr><td>a<0 且 c<0</td><td>38</td></tr>
<tr><td colspan="2">三边均<0</td><td>39</td></tr>
<tr><td rowspan="10">输出条件</td><td rowspan="6">一般三角形</td><td rowspan="2">a+b>c</td><td rowspan="2">5</td><td colspan="2">a+b<c</td><td>40</td></tr>
<tr><td colspan="2">a+b=c</td><td>41</td></tr>
<tr><td rowspan="2">a+c>b</td><td rowspan="2">6</td><td colspan="2">a+c<b</td><td>42</td></tr>
<tr><td colspan="2">a+c=b</td><td>43</td></tr>
<tr><td rowspan="2">b+c>a</td><td rowspan="2">7</td><td colspan="2">b+c=a</td><td>44</td></tr>
<tr><td colspan="2">b+c<a</td><td>45</td></tr>
<tr><td rowspan="3">等腰三角形</td><td>a=b 且满足 5、6、7</td><td>8</td><td colspan="2" rowspan="4"></td><td rowspan="4"></td></tr>
<tr><td>b=c 且满足 5、6、7</td><td>9</td></tr>
<tr><td>a=c 且满足 5、6、7</td><td>10</td></tr>
<tr><td>等边三角形</td><td>a=b=c</td><td>11</td></tr>
</table>

测试用例的设计：

（1）覆盖有效等价类的测试用例，如表 6.2 所示。

表 6.2　覆盖有效等价类的测试用例

测试用例序号	a	b	c	覆盖等价类号码
test1	3	4	5	（1）～（7）
test2	4	4	5	（1）～（7）、（8）
test3	4	5	5	（1）～（7）、（9）

续表

测试用例序号	a	b	c	覆盖等价类号码
test4	5	4	5	(1)～(7)、(10)
test5	4	4	4	(1)～(7)、(11)

（2）覆盖无效等价类的测试用例，如表 6.3 所示。

表 6.3 覆盖无效等价类的测试用例

测试用例序号	a	b	c	覆盖等价类号码	测试用例序号	a	b	c	覆盖等价类号码
test6	2.5	4	5	(12)	test23	0	0	5	(29)
test7	3	4.5	5	(13)	test24	3	0	0	(30)
test8	3	4	5.5	(14)	test25	0	4	0	(31)
test9	3.5	4.5	5	(15)	test26	0	0	0	(32)
test10	3	4.5	5.5	(16)	test27	−3	4	5	(33)
test11	3.5	4	5.5	(17)	test28	3	−4	5	(34)
test12	4.5	4.5	5.5	(18)	test29	3	4	−5	(35)
test13	3			(19)	test30	−3	−4	5	(36)
test14		4		(20)	test31	−3	4	−5	(37)
test15			5	(21)	test32	3	−4	−5	(38)
test16	3	4		(22)	test33	−3	−4	−5	(39)
test17		4	5	(23)	test34	3	1	5	(40)
test18	3		5	(24)	test35	3	2	5	(41)
test19	3	4	5	(25)	test36	3	1	1	(42)
test20	0	4	5	(26)	test37	3	2	1	(43)
test21	3	0	5	(27)	test38	1	4	2	(44)
test22	3	4	0	(28)	test39	3	4	1	(45)

引导案例

自动饮料售货机测试用例的设计（因果图法）

测试一个自动饮料售货机的功能是否正确，需要设计对它的各种操作用例，以判断它是否都能正常地工作。本节采用经典的因果图法进行测试用例的设计。通过该案例，读者还可以了解测试用例的设计方法与策略。

2. 用因果图法设计测试用例

问题：有一个处理单价为 5 角钱的饮料的自动售货机软件测试用例的设计。其规格说明如下：若投入 5 角钱或 1 元钱的硬币，按下“橙汁”或“啤酒”的按钮，则相应的饮料就送出来。若售货机没有零钱找，则一个显示“零钱找完”的红灯亮，这时再投入 1 元硬币并按下按钮后，饮料不送出来，而且 1 元硬币也退出来；若有零钱找，则显示“零钱找完”的红灯灭，在送出饮料的同时退还5角硬币。

分析：

（1）分析这一段说明，列出原因和结果。

- 原因（操作的所有可能的前提）：

① 售货机有零钱找。

② 投入1元硬币。

③ 投入5角硬币。

④ 按下“橙汁”按钮。

⑤ 按下“啤酒”按钮。

- 结果（操作后所有可能的结果）：

⑥ 售货机“零钱找完”红灯亮。

⑦ 退还1元硬币。

⑧ 退还5角硬币。

⑨ 送出橙汁饮料。

⑩ 送出啤酒饮料。

（2）画出因果关系图，如图6.6所示。所有原因结点列在左侧，所有结果结点列在右侧。建立中间结点，表示处理的中间状态。

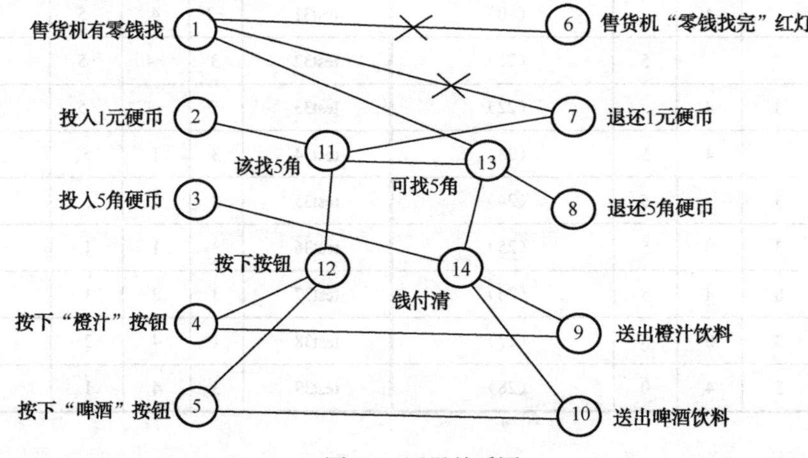

图6.6 因果关系图

- 中间结点：

⑪ 投入1元硬币且按下“饮料”按钮。

⑫ 按下“橙汁”或“啤酒”按钮。

⑬ 应当找5角零钱并且售货机有零钱找。

⑭ 钱已付清。

（3）通过判定表进行分析。

通过上述分析，可以通过判定表的形式进行全面分析。判定表中列出了所有可能的原因或条件，并根据上述因果关系图确定中间结果与最后的结果。最后根据这些因果关系设计测试用例。转换成的判定表如表6.6所示。

表 6.4 转换成的判定表

序号		1	2	3	4	5	6	7	8	9	10	1	2	3	4	5	6	7	8	9	20	1	2	3	4	5	6	7	8	9
原因或条件	①	1	1	1	1	1	1	1	1	1	1	1	1	1	1	1	1	0	0	0	0	0	0	0	0	0	0	0	0	0
	②	1	1	1	1	1	1	1	1	0	0	0	0	0	0	0	0	1	1	1	1	1	1	1	1	0	0	0	0	0
	③	1	1	1	1	0	0	0	0	1	1	1	1	0	0	0	0	1	1	1	1	0	0	0	0	1	1	1	1	0
	④	1	1	0	0	1	1	0	0	1	1	0	0	1	1	0	0	1	1	0	0	1	1	0	0	1	1	0	0	1
	⑤	1	0	1	0	1	0	1	0	1	0	1	0	1	0	1	0	1	0	1	0	1	0	1	0	1	0	1	0	1
中间结果	⑪	—	—	—	—	—	1	1	0	—	0	0	0	—	0	0	0	—	—	—	—	—	1	1	0	—	0	0	0	—
	⑫	—	—	—	—	—	1	1	0	—	1	1	0	—	1	1	0	—	—	—	—	—	1	1	0	—	1	1	0	—
	⑬	—	—	—	—	—	1	1	0	—	0	0	0	—	0	0	0	—	—	—	—	—	0	0	0	—	0	0	0	—
	⑭	—	—	—	—	—	1	1	0	—	1	1	0	—	0	0	0	—	—	—	—	—	0	0	0	—	1	1	1	—
结果	⑥	—	—	—	—	—	0	0	0	—	0	0	0	—	0	0	0	—	—	—	—	—	1	1	1	—	1	1	1	—
	⑦	—	—	—	—	—	0	0	0	—	0	0	0	—	0	0	0	—	—	—	—	—	1	1	0	—	0	0	0	—
	⑧	—	—	—	—	—	1	1	0	—	0	0	0	—	0	0	0	—	—	—	—	—	0	0	0	—	0	0	0	—
	⑨	—	—	—	—	—	1	0	0	—	1	0	0	—	0	0	0	—	—	—	—	—	0	0	0	—	1	0	0	—
	⑩	—	—	—	—	—	0	1	0	—	0	1	0	—	0	0	0	—	—	—	—	—	0	0	0	—	0	1	0	—
测试用例		N	N	N	N	N	Y	Y	Y	N	Y	Y	Y	N	Y	Y	N	N	N	N	N	N	Y	Y	Y	N	Y	Y	Y	N

注：表中“1”表明对应的条件或结果成立；“0”表明对应的条件或结果不成立；“—”表明该结果不存在或无效情况。“Y”表明该情况是等价类的测试用例，“N”表明是无效等价类的测试用例。

（4）测试用例的设计。

根据判定表的所有条件设计测试用例，这些测试用例主要包括有效类与无效类，每个情况的含义如表 6.5 所示。

表 6.5　判定表中序号 6 列的含义

原因或结果的序号	逻辑值	原因或结果的含义	是否满足
①	1	售货机有零钱找	是
②	1	投入 1 元硬币	是
③	0	投入 5 角硬币	否
④	1	按下“橙汁”按钮	是
⑤	0	按下“啤酒”按钮	否
⑪	1	投入 1 元硬币且按下饮料按钮	是
⑫	1	按下“橙汁”或“啤酒”按钮	是
⑬	1	应当找 5 角零钱并且售货机有零钱找	是
⑭	1	钱已付清	是
⑥	0	售货机“零钱找完”红灯亮	否
⑦	0	退还 1 元硬币	否
⑧	1	退还 5 角硬币	是
⑨	1	送出橙汁饮料	是
⑩	0	送出啤酒饮料	否

该列的具体含义是一个测试用例，且是一个有效等价类的测试，其具体含义如表 6.6 所示。

表 6.6　测试用例 6 的具体含义

满足条件	售货机有零钱找
	投入 1 元硬币
	按下“橙汁”按钮
中间条件	投入 1 元硬币且按下饮料按钮
	按下“橙汁”或“啤酒”按钮
	应当找 5 角零钱并且售货机有零钱找
	钱已付清
结果出现	退还 5 角硬币
	送出橙汁饮料

表 6.4 中列出了该售货机所有可能的操作，包括有效操作与无效操作。测试人员应对每一列设计一个测试用例。通过这些测试用例，对处理操作进行完全覆盖。该案例采用因果关系图法设计测试用例，从而对各种合法与非法处理进行充分的测试。

小 结

本章介绍软件的编码与实现。一个软件的实现首先要经历编码阶段，但软件编码的完成并不能代表软件已经实现成功，还要经过软件测试过程与修改完善。

软件的编码首先要选择合适的开发语言。目前一般采用的是面向对象的 Web 编程，流行的开发语言主要有 Java、.NET、PHP 等。为了利于团队开发，在软件开发中一般要制定软件开发规范，如命名规范、排版规范、代码注释规范等。

在软件的编码过程中，程序员完成了某个模块的编码，可以进行单元测试。由于单元测试需要借助一些测试程序，如编写测试的驱动模块、桩模块等，所以一般的情况下，单元测试是由程序员自己完成的。

如果各个模块均已完成，则需要将这些模块的所有代码都放在一起运行与测试，此过程称为集成测试。集成测试往往采用黑盒方法对软件进行功能测试。集成测试是个庞大的工程，往往需要专门的测试人员进行。在测试过程中，要编写测试计划、搭建测试环境、设计测试用例、执行测试用例、记录测试结果、管理与跟踪 Bug 等。

设计测试用例是一个复杂的技术工作，这些用例要覆盖所有的功能及处理过程。一般白盒测试有逻辑覆盖方法、路径覆盖方法；黑盒测试有等价类划分法、边界值分析法、错误猜测法等。本章后面部分给出了两个测试用例的设计案例供读者参考。

习 题

一、填空题

1．软件开发经历了需求分析、软件设计等许多阶段，但最终需要通过________活动创造出来，最后通过________才能提交用户使用。

2．结构化程序设计强调尽量采用________、________和逐步细化的原则，由粗到细步步展开。

3．面向对象的程序设计通过对对象的辨别、划分，将软件系统分割为若干________的部分，在一定程度上更便于控制软件的复杂度，从而利于大型复杂软件的开发。

4．________对软件开发小组成员间进行协同工作、提高开发效率与软件规范有重要的作用。它一般包括命名规范、程序的注释规范、书写与排版规范。

5．软件测试按照程序是否被执行来分，有________与________；按照是否要分析程序内部结构来分，又有________与________。

6．软件测试包括________、________、________、________等阶段。

二、思考与简答题

1．简述软件实现过程。

2．程序设计的方法有哪些？各有什么特点？面向对象程序设计的优点有哪些？

3．程序编码规范有哪些？

4．为什么说程序编码过程是一个复杂的过程？

5．软件测试的目的是什么？软件测试的方法有哪些？

6．简述软件测试过程，分别解释单元测试、集成测试、确认测试和系统测试的任务与过程。

试一试：对软件的编码进行实现并测试

实训：对“学生管理系统”进行实现并测试

（一）综合实训内容

要求用某种开发语言对前面设计的“学生管理系统”进行实现，并根据分析与设计进行测试。具体包括以下任务：

（1）根据学生管理系统的设计实现其代码。

（2）设计学生管理系统的测试计划，并进行测试，最终编写测试分析报告。

（二）实训方案与步骤

任务1：根据学生管理系统的设计实现其代码

根据上述对“学生管理系统”的设计进行编码实现。

（编码过程介绍略）

任务2：软件测试综合实训

根据前面完成的“学生管理系统”的需求分析与软件设计，用黑盒测试法对任务1实现的学生管理系统进行集成测试。

1．实训目的与要求

（1）了解测试的过程与测试方法。

（2）了解软件测试用例的开发。

（3）了解软件测试计划的编写。

2．实训方案

（1）制订一个测试计划，按照软件设计说明书的功能模块安排功能测试，制订测试计划表。

（2）根据需求分析中的用例模型，定义一些操作用户，按不同的角色及职责执行其操作用例。

（3）对上述用户的各操作设计不同的测试用例，以覆盖各个功能与操作。设计测试用例时，要覆盖不同的边界值与等价类。

（4）执行测试用例，记录执行结果，给出测试评价，并编写测试分析报告。

3．实训步骤

（1）根据上述测试计划设计测试用例，根据输入、操作步骤、预期输出3个方面设计各测试用例。

（2）执行测试用例，记录执行结果。

（3）编写测试分析报告。

第7章 通过软件维护不断满足用户的需求

学习目标

[知识目标]

- 理解软件维护的概念及 4 种维护类型。
- 理解非结构化维护和结构化维护的概念及特征。
- 了解软件维护的过程及活动。
- 理解软件的可维护性概念与特征，以及如何提高软件的可维护性。
- 了解结构化软件维护的文档编写要点。

[能力目标]

- 掌握软件维护方法，能在维护过程中制定结构化维护过程与规范，控制维护过程，减少维护的副作用，保证维护的成功率。

7.1 软件维护概述

7.1.1 软件维护原因

软件维护是在软件开发完成并交付客户使用后，为纠正错误或满足客户新的需求而修改软件的过程。软件经过了测试，客户投入使用后就进入软件维护阶段。软件维护阶段是软件生命周期中最长的阶段，占整个软件生命周期的 70.8%。软件维护活动伴随软件使用过程的始终。

由于软件本身复杂，隐含的错误多，在日常使用过程中可能会出现各种各样的问题。随着软件的使用或环境的变化，用户可能会提出新的软件需求，这些都需要通过软件维护来解决。

要求进行维护的原因多种多样，归纳起来有 3 种类型：

- 改正在特定的使用条件下暴露出来的一些潜在程序错误或设计缺陷。

- 因在软件使用过程中数据环境发生变化或处理环境发生变化，需要修改软件以适应这种变化。
- 用户和数据处理人员在使用软件时常提出改进现有功能、增加新的功能以及改善总体性能的要求，为满足这些要求，就需要修改软件，把这些要求纳入到软件中去。

为了保证用户正常使用软件，一般会派生出许多与软件相关的技术岗位，如系统实施、用户培训、技术支持、软件维护等。这些人员均是为了解决用户在实际操作中的各种问题，保证软件的正常使用。而软件维护则是指那些为了软件正常使用而修改软件的活动。其他的一些活动，如问题报告、用户培训、客户投诉处理等，也是软件维护过程中的重要前期工作。

软件开发知识：通过软件维护保证用户的正常使用

软件提交给用户使用不代表软件开发企业就完成任务了。一般软件的使用有个免费维护期，今后还需要长期对用户进行有偿维护，以保证用户对软件的正常使用。用户选择软件开发企业时，对该企业的实力、有没有长期维护能力等都要进行判断。

7.1.2 软件维护类型

软件维护的目的是修改软件，以解决用户在使用软件过程中出现的各种问题，并满足用户对软件的各种需求。这些软件问题与需求一般有以下一些类型：

（1）软件运行时出现的错误需要修改。

（2）由于硬件或网络环境的改变需要软件适应而进行修改。

（3）需要满足用户提出新的功能需求或新的性能需求。

（4）为了适应用户今后可能对软件的要求而预先修改软件代码。

根据以上几种修改软件的原因，将软件维护分为以下 4 种类型。

1. 改正性维护

改正性维护是修改那些在使用过程中发现的软件错误。由于软件错误不可能在软件测试阶段被全部发现并解决，有许多错误可能在使用过程中才会暴露出来。改正性维护是针对这种类型的错误而修改软件的过程。改正性维护一般占整个软件维护工作的 20%左右。

2. 适应性维护

计算机硬件与网络的发展日新月异，如果要求将软件移植到一种新的硬件或网络环境下，往往需要对软件代码进行一定的修改。这种为适应新的硬件或网络环境而对软件进行修改的维护就是适应性维护。适应性维护一般占整个软件维护工作的 25%左右。

3. 完善性维护

在软件的使用过程中，随着时间的推移，用户可能要求对现有的软件做一些功能的完善或增加某些新功能；或提出一些非功能要求，如提出性能要求、增加界面的美观性、修改界面布局等。为满足这些用户需求而进行的软件修改与维护就是完善性维护。完善性维护占软件维护的比例最大，为 50%左右。

4. 预防性维护

为了改进未来软件的可维护性、可靠性，对软件进行的修改与维护就是预防性维护。预防性维护也可以通过预先修改软件给未来软件的改进奠定一个更好的基础。人们形象地描述预防性维护是“把今天的方法用于昨天的系统以满足明天的需求”。就像打流感疫苗是预防今后不得流感一样，预防性维护就是通过预先修改软件，以便今后不出现所预防的软件问题。

软件维护占整个软件生命周期的比例非常大。这一点与硬件维护不同，所以在用户的软件使用过程中，软件开发方需要特别重视软件的维护。不同维护类型所占的比例如图 7.1 所示。

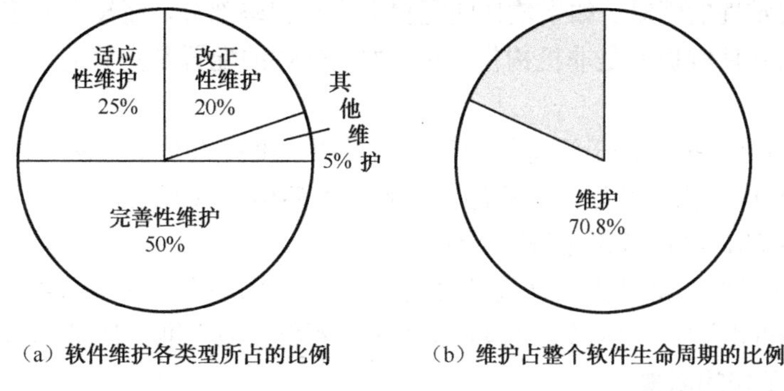

（a）软件维护各类型所占的比例　（b）维护占整个软件生命周期的比例

图 7.1　不同维护类型所占的比例

7.1.3　软件维护中的常见问题

软件开发文档对软件维护有非常重要的作用。软件维护阶段所遇到的困难基本上是由于软件没有严格遵循软件开发标准与规范，或者软件设计和开发质量低劣造成的。缺乏软件各个阶段的文档给软件维护带来了一些困难。这些困难包括以下几个方面。

（1）理解设计人员的代码困难。要修改他人编写的程序，首先要看懂程序，然后才能修改。如果没有相应的文档说明，那么理解他人的程序将是非常困难的。

（2）文档不规范。这种不规范主要表现在文档与程序代码之间的不一致，以及各种文档之间不统一。这样维护人员在维护软件时不知所措，不能按照文档对程序进行修改。造成这种不规范的原因是软件开发各阶段对文档管理不严格，软件文档没有按统一规范编写。另外，在修改程序时可能忘记修改相应的文档，或者修改了某一文档却忘记修改与之相关联的另一文档等。加强软件开发阶段的文档管理对软件维护非常重要。

（3）开发人员不能实时参与。由于程序开发人员流动性比较大，开发人员一般很少参与到维护当中，这也给维护工作带来了困难。另外，维护工作可能是在开发完成后一段很长时间内进行的，也使得开发人员不容易参与到维护工作中。

（4）分析和设计的缺陷。如果在开发阶段没有对日后维护进行估计，使得开发技术不能支持日后的维护与变更，导致软件存在可维护性缺陷，也会给软件维护带来灾难性的后果。

（5）维护工作的乏味。由于维护工作的特点，使维护工作成为一项并不能吸引人的工作。许多程序员都热衷于软件的开发与设计，而不愿意进行维护工作，导致维护工作困难重重。

（6）使用者苛刻的要求。许多使用者并不了解程序本身，只是从他们自身爱好和兴趣出发要求软件的更新，而且有些要求就功能本身而言就很难实现，这也使维护人员在维护中举步维艰。

7.1.4　软件维护策略

软件维护是一项烦琐而又必不可少的工作，维护人员往往在软件使用与运行的情况下进行工作，所以维护工作要求高、压力大。如果有一套好的规则与维护策略，则会给维护工作带来很大的方便。

1. 结构化维护和非结构化维护

如果一款软件没有按软件工程规范来设计，且软件中缺少许多必要的文档配置，则可能会给软件维护带来灾难性的困难。如果软件的配置中只有代码部分，而没有相应的文档说明，在这种情况下进行的软件维护就是非机构化维护。如果软件的配置是完整的，对这类软件的维护就是结构化维护。

- 对于非结构化维护，由于没有相应的文档说明，维护人员很难从软件整体结构上理解程序，只能从读代码开始，对程序的理解也就停留在代码层面上，这将导致程序结构不断遭到破坏，维护效果也得不到保证。
- 对于结构化维护，维护人员从设计分析文档追踪用户提出的维护申请，最后在代码中定位需维护的区域，不容易破坏程序的结构，不仅能减少维护时间，还能提高维护质量。

2. 影响维护工作的因素

由于软件维护是软件生命周期中占用时间与精力最多的阶段，此阶段会花费大量的时间、资金和各种资源。影响软件维护的因素主要包括以下几个方面。

（1）系统规模。系统的规模直接或间接影响维护的工作量。系统的规模和复杂程度往往由程序设计语言、数据库系统、软件开发技术等决定。复杂而庞大的系统，会使维护人员理解起来困难，从而增加维护的难度。另外，人们常用源程序代码语句数量、程序存储量、交互文件数、功能模块数等来衡量软件的规模。

（2）软件开发工具与程序设计语言。软件开发工具功能越强，生成程序所需的指令数就越少；反之，开发工具功能越弱，实现同样功能所需的语句就越多，程序代码就越大。有许多软件是用较老的程序设计语言书写的，程序逻辑复杂而混乱，且没有做到模块化和结构化，直接影响程序的可读性与可维护性。

（3）配套的文档。如前所述，结构化软件维护比非结构化软件维护多许多好处。软件开发过程中的各种开发、分析、设计文档是否完善，对维护工作有重大的影响。

（4）系统年龄。随着老系统的不断修改，结构越来越乱；又由于维护人员经常更换，程序变得越来越难于理解，而且许多老系统在当初并未按照软件工程的要求进行开发，因而没有文档，或文档太少，或在长期的维护过程中，文档与程序实现变得不一致，这样在维护时就会遇到很大的困难。

（5）数据库技术的应用。使用数据库，可以简单而有效地管理和存储用户程序中的数据，还可以减少生成用户报表应用软件的维护工作量。

（6）先进的软件开发技术。在软件开发时，若使用能使软件结构比较稳定的分析与设计技术，及程序设计技术，如面向对象技术、复用技术等，可减少大量的工作量。

（7）其他因素。软件使用与维护过程中的各种人为因素、客观因素，如应用的类型、任务的难度、公司维护小组的协调性、维护人员的工作能力、用户的维护要求、用户的配合程度等，都会对软件的维护产生影响。此外，许多软件在开发时并未考虑将来的修改，这就为软件的维护带来许多问题。

7.2 软件维护的过程

软件的维护是一个复杂而困难的过程。软件维护必须在相应的指导下按照一个合理的技术流程与步骤才能有条不紊地进行。在一次具体的维护工作开始之前，与维护相关的前期工作就已经开始了。

优秀的维护活动需要完善的维护组织和正确的维护流程做保证。所以，在正式维护之前，先要建立一个维护组织，然后确定报告和评价过程，制定一个合理的流程进行维护活动。此外，还要配备一个维护活动的记录、文档编写规范和复审标准。

软件维护过程主要包括建立维护组织、编写维护报告、定义与实施维护过程、编写维护记录、对维护进行评价等活动。

7.2.1　维护组织

一些小型软件公司的软件维护可能没有一个固定的组织，采取非正式的维护方式，而某些大型软件公司对其软件产品进行维护时，则可能调用一个正式的组织来专门负责。维护组织一般由维护管理员负责。

软件维护可以是某一个人，也可以是一个小组；维护小组可能是一个临时小组，也可能是一个长期的维护组织。

一般一个标准的维护组织包括维护管理员、维护人员、系统管理员、修改决策机构、配置管理员等角色。其中维护管理员负责管理与协调维护工作，维护人员是真正执行维护的人员，而进行维护修改之前，需要修改决策机构进行评估、审核及控制，只有通过审核的修改计划才能进行修改。

维护活动从用户提出维护请求开始。首先用户将维护申请提交给维护管理员；然后维护管理员将该维护请求提交给系统管理员；系统管理员对维护活动可能引起的修改进行评估，并将评估结果反馈给维护管理员；维护管理员再将修改以报告单的形式提交给修改决策机构进行决策；修改决策机构根据修改报告单反映的情况进行综合考虑，决定是同意还是拒绝修改，并把结果反馈给维护管理员。如果同意维护，则维护管理员通知维护人员执行。

7.2.2　维护报告

维护阶段有两个重要的文档，分别是维护申请报告和维护评价报告。

维护申请报告是在维护开始前由用户填写的一个标准形式文档，又称为修改申请单或问题报告单。维护申请报告填写好后，就提交给系统管理员进行评估。维护申请被批准后，就要制定一个与之相对应的维护评估报告。维护评估报告包括以下信息：

- 为满足软件问题报告实际需要的维护工作量。
- 所需要修改与变动的性质、类型。
- 请求修改的优先级。
- 预计修改后的情况等。

维护决策机构根据维护评价报告来评估维护请求，将评价维护的类型，如是改正性还是完善性等，然后根据问题的严重性安排维护工作。

7.2.3　维护过程

维护是一项涉及面很广的工作，一旦某个维护目标确定之后，维护人员必须先理解将要被修改的系统，然后产生一个维护方案。由于程序的修改可能会影响程序的其他部分，所以产生维护方案时，维护人员需要考虑的一个重要问题就是“修改将会影响的范围和波及的作用”。按方案完成修改后，还要对程序进行重新测试，如测试不能通过，则要重复上述步骤，如测试通过，则修改所有文档，并产生一个新的软件版本配置。这些配置文档包括受修改影响的需求说明书、软件设计、测试报告、软件配置评审等。

从软件维护的过程可以看出，如果软件的文档资料完整，程序具有较好的可理解性、可修改性、可测试性，则会给维护工作带来很大的方便。可理解性包括复杂性低、文档简洁明了、程序注释完整；可修改性包括结构简单、易于扩充、局部修改不会影响全局。所以，软件的维护成本是由软件系统本身的性质所决定的。软件维护过程如图 7.2 所示。

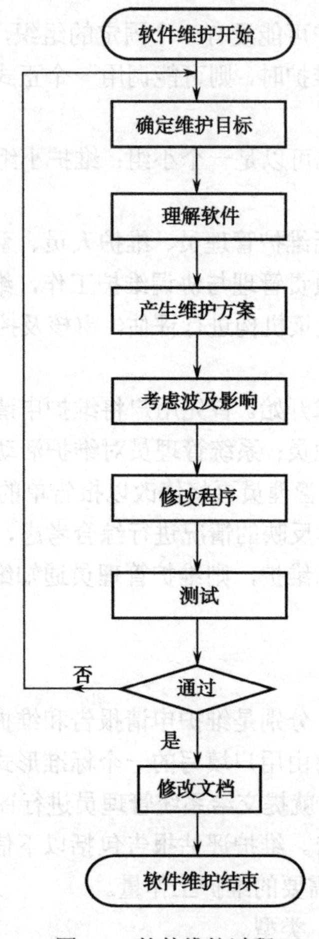

图 7.2　软件维护过程

7.2.4　维护记录

由于软件维护对软件带来的变更，使得软件开发前期各阶段所产生的文档对现有的软件描述不准确，这时就需要将维护阶段所产生的记录文档保存到原有的文档中去，以完善整个软件的文档说明。

新产生的维护记录包括 3 类信息：维护前程序情况、维护对软件产生的修改情况以及数据变更情况。维护记录一般由直接进行维护的人员和负责文档管理的人员共同填写。

7.2.5　维护评价

如果有完整、准确的维护记录为依据，就容易对维护进行度量，从而对软件维护工作进行有效的评价并检查维护后软件的质量。一般可以从以下几个指标来衡量维护活动的性能。

（1）程序运行的平均失效次数。

（2）每一类维护活动的总人时数。

（3）每个程序、每种语言、每种维护类型所做的平均变动数。

（4）维护阶段修改每条语句平均花费的人时数。

（5）维护每种语言平均花费的人时数。

（6）一份维护申请报告的平均周转时间。

（7）各种维护类型所占的百分比。

根据对维护工作定量结果的分析，可以做出关于开发技术、语言选择、维护工作规划、资源分配以及其他方面的决定，并利用这些数据去分析评价维护工作与任务。

7.3　提高软件的可维护性

影响软件可维护性的因素很多，而缺乏软件开发文档是造成维护工作复杂困难的一个直接原因。没有规范严格的各类软件文档，维护人员就很难理解所维护软件中的算法逻辑、功能需求和实现的代码等。因此在软件开发的各个阶段都要保证软件具有很好的可维护性，从而降低软件的维护成本。

7.3.1　软件的可维护性

软件的可维护性是指软件被理解、改正、调整和改进的容易程度，它将直接影响维护工作量和维护费用。在软件生命周期的各个阶段，保证软件具有较高的可维护性，可大幅度降低软件维护成本，从而节省各类资源。

软件的可维护性同软件的可使用性、可靠性是衡量软件质量的 3 个重要指标，是开发人员与用户最关心的问题。软件的可维护性可通过软件的 7 种质量特征来衡量，它们是：可理解性、可靠性、可测试性、可修改性、可移植性、效率、可使用性。其实，对于不同类型的软件维护，这 7 种质量特征对应的侧重点也不同。

7.3.2　软件可维护性的量化

软件的可维护性难以量化，一般可以通过借助维护活动中可以定量估算的属性，间接地衡量可维护性。如以下各种数据被记录下来，可以作为管理者衡量维护技术是否有效的依据。

（1）觉察到问题所需的时间。

（2）收集维护工具所使用的时间。

（3）分析问题所需的时间。

（4）形成修改说明书所用的时间。

（5）修改设计、文档和源代码所需的时间。

（6）进行相应测试所需的时间。

（7）维护复审所用的时间。

（8）完全恢复所需的时间。

上述这些时间数值总和是从检测到软件的错误一直到完全改正该错误的这段时间。这个时间段越短，则软件的可维护性就越好。因此在进行软件开发时，应通过这些量化数据逐步改进开发组织的能力，提高软件的可维护性。

7.3.3 提高可维护性的方法

所有的软件都应该具有良好的可维护性。其实，软件可维护性不是在维护时才形成的，而是在开发的各个阶段逐步形成的。软件的可维护性可通过以下几种方法来提高。

（1）建立明确的软件质量目标。软件要想同时满足可维护性的 7 种质量特征是很难的。其实某些质量特征是相互抵触的，但为了保证程序的可维护性，应该尽量满足可维护性的各个特征，或者对相互抵触的特性进行取舍，规定其优先级，从而最大限度地提高软件质量。

（2）使用先进的软件开发技术、方法和工具。目前高效率的软件开发方法和工具，在文档中使用标准的表示工具描述方法，是提高软件质量、降低维护成本的有效方法，也是提高软件可维护性的有效途径。

（3）进行明确的质量保证审查。软件的可维护性体现在软件生命周期的各个阶段，因此，在每个阶段结束之前的技术审查和管理复审中都应进行可维护性的审查，以使每一阶段都提前为后面的维护打好基础。

保证软件质量的最佳方法是在软件开发的最初阶段就把质量要求考虑进去，并在开发过程每一阶段的终点设置检查点进行检查。检查的目的是证实已开发的软件已经符合标准，并已经满足规定的质量需求。不同的检查点检查的重点不完全相同，软件开发期间各个检查点的检查重点如图 7.3 所示。

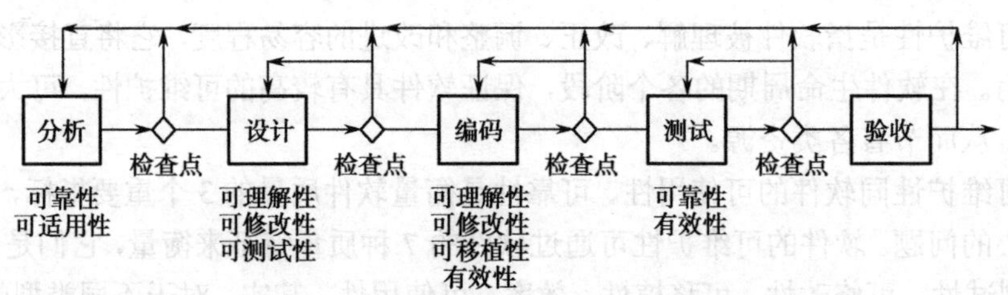

图 7.3　软件开发期间各个检查点的检查重点

（4）选择可维护的程序设计语言。低级程序设计语言一般比较难以理解、掌握，导致难以维护，而高级语言则更容易被理解、维护。在代码实现过程中，要尽量采取容易理解的高级语言进行编程。

（5）改进程序文档。文档是影响软件可维护性的最重要因素，甚至很多时候比代码更重要。程序文档是对程序的总目标、程序设计策略、程序各组成部分的关系等的说明与补充，对提高程序的可维护性有着重要的作用。维护人员对软件进行维护前最主要的帮助工具就是程序文档。

上述几种方法都可直接或者间接地提高软件的可维护性。在软件的开发阶段，应该有侧重性、有目的性地考虑软件的可维护性，使软件在未来运行过程中易于维护。

7.3.4　软件维护的副作用

在软件维护过程中，一个小小的改动可能给软件带来潜在的错误，从而影响软件的质量，这就是软件维护的副作用。

软件维护的副作用主要有 3 个方面：代码副作用、数据副作用、文档副作用。

虽然对修改代码、数据引起的副作用可通过回归测试发现与改正，但对它们的修改还是应该慎重与仔细。对于任何维护活动，自始至终都需要对相应的文档进行相应的修改，以保证文档与代码的一致性。如果软件当前的状态与相应的文档不一致，则会给程序员的维护工作、客户的使用带来困难。要加强文档评审，更好地减少由于文档原因造成的维护副作用。

7.4　软件维护相关文档

软件开发过程中的各种开发、分析、设计文档是否完善，对维护工作有重大的影响。结构化维护是指在软件维护时，软件的文档配置是完整的，并且在维护过程中产生的维护文档也是严格与完整的。

- 软件配置文档，包括软件的需求分析说明书、软件设计说明书、软件变更与评审记录、用户使用手册等在软件开发过程中产生的文档。
- 软件维护文档，包括问题报告、维护申请书、维护评价报告、维护记录和软件维护报告等。

结构化软件维护流程及产生的文档如图 7.4 所示

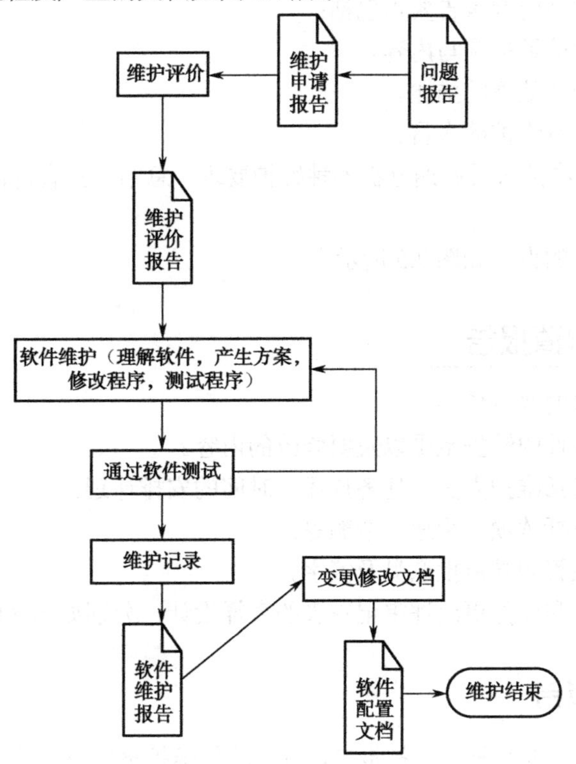

图 7.4　结构化软件维护流程及产生的文档

引导案例

设计结构化维护文档体系

软件结构化维护设计，需要规范化的文档体系，根据在维护过程完成的任务的不同需要产生相应的文档。这样，不但能保证维护工作的规范性、提高维护工作的可跟踪性，而且提高了软件维护工作的质量。

不同的维护组织的维护工作流程不完全一样，设计一套软件维护文档模板体系以便在软件维护工作中使用。

案例实现

结构化维护文档设计

软件结构化维护流程及产生的文档可遵循图 7.4 所示的过程与文档。该案例的实现设计了软件问题报告、软件维护申请报告表、软件更改评审记录、软件维护报告表、软件问题解决记录表、用户意见反馈表 6 个表的模板，分别如图 7.5～图 7.10 所示。

用户可以根据自己的要求参照这些模板设计自己的软件维护文档体系。

下面就以软件在结构化维护过程中产生的维护文档为例，介绍所产生文档的编写要点及相关表格的样表。

7.4.1 软件问题报告

软件维护文档的软件问题报告要点包括：

（1）维护项：软件的维护项与内容。

（2）如何处理：维护处理的描述。

（3）维护人员：负责维护的人员。

（4）分析与总结：维护人员归纳分析各种维护要求，总结一些有价值的建议，以便向有关领导汇报。

软件问题报告表样的设计如图 7.5 所示。

7.4.2 软件维护申请报告

软件维护申请报告的要点包括：

（1）维护范围：软件的维护范围以及要修改的内容。

（2）任务安排：包括维护人员、任务描述、时间的安排计划。

（3）费用预算：包括款项、用途、金额等。

（4）审批意见：主管领导审批意见及签字。

软件维护申请报告和软件更改评审记录表的表样设计，分别如图 7.6 和图 7.7 所示。

7.4.3 软件维护报告

软件维护结束后，需要写软件维护报告，包括软件维护报告表和软件问题解决记录表。软件维护报告要点包括：

（1）子系统名和模块名：受修改影响的子系统名及被修改的模块名。

（2）问题修改：包括程序修改、文件更新、数据库修改等描述。

<table>
<tr><td colspan="4">软件问题报告</td></tr>
<tr><td>编号</td><td></td><td>登记日期</td><td></td></tr>
<tr><td>报告人</td><td colspan="3"></td></tr>
<tr><td colspan="4">问题：　[　]程序　　[　]数据库　　[　]文档</td></tr>
<tr><td colspan="4">问题概述：
影响：
拟解决期限：
签名：　　日期：</td></tr>
<tr><td colspan="4">软件开发部意见：
签名：　　日期：</td></tr>
<tr><td colspan="4">附注：</td></tr>
</table>

图 7.5　软件问题报告表样

<table>
<tr><td colspan="4">软件维护申请报告表</td></tr>
<tr><td>申请人</td><td></td><td>申请日期</td><td></td></tr>
<tr><td>模块/程序名</td><td colspan="3"></td></tr>
<tr><td colspan="4">紧急程序：　[　]紧急　[　]高　[　]中　[　]低</td></tr>
<tr><td colspan="4">问题/需求概述：</td></tr>
<tr><td colspan="4">维护案例的标志：________
维护活动的标志：________
估计成本：________
维护开始时间：________
预计维护结束时间：________</td></tr>
<tr><td colspan="4">软件开发部意见：
签名：　　日期：</td></tr>
<tr><td colspan="4">对产品和修改的模块所产生的影响：</td></tr>
<tr><td colspan="4">评审委员会意见：
接受/拒绝：________
签名：　　日期：</td></tr>
</table>

图 7.6　软件维护申请报告表样

软件更改评审记录

编号：

项目/产品名称					
主持人		评审时间		评审地点	
更改原因	□顾客要求 □法律法规要求 □内部改进要求 □产品缺陷要求				
更改内容描述：					
更改涉及的文档					
更改对产品组成部分的影响					
更改对已交付产品的影响					
更改所消耗的资源					
评审结论	□ 更改　□不更改				
参加评审人员签名					
审批意见	总工程师签名：				

图 7.7　软件更改评审记录样表

（3）修改描述：修改的详细描述，如果是文件更新或数据库修改，还要列出文件更新通知或数据库修改申请的标识符。另外要描述问题如何解决，以及解决的过程与经验教训；用户对软件维护过程提出的意见，通过维护是否解决了软件出现的问题等。

（4）批准人：批准人签字，正式批准进行修改。

（5）修改是否已测试：指出已对修改做了哪些测试，如单元、组装、确认和运行测试等，并注明测试成功与否。

（6）问题源：指明问题来自哪里，如软件需求说明书、设计说明书、数据库、源程序等。

（7）资源：完成修改所需资源的估计，即总的人时数和计算机时间的开销。

通过对软件维护过程及最终达到的结果编写软件维护报告。所设计的软件维护报告表样和软件问题解决记录表的表样，分别见图 7.8 和图 7.9 所示。

7.4.4　软件用户意见反馈及满意度调查

软件用户意见反馈一般有主动反馈和被动反馈两种方式。主动反馈是客户在使用软件的过程中主动提出了一些建设性的建议或意见，提供给软件开发商或销售商，软件开发商可以根据客户的反馈意见进行统一的软件升级或专项修改，从而提高软件使用的满意度。被动反馈是软件开发商或销售商将一些固定模板形式的表格提供给客户，希望客户给予必要的信息反馈，开发商再根据收集上来的信息对软件进行进一步的调整。

软件满意度调查和软件意见反馈类似，也可以分为主动和被动两种方式。图 7.10 给出了常用的用户意见反馈表作为参考。

软件维护报告表				
维护案例的编号				
维护的类型：	[ ]改正性	[ ]适应性	[ ]完善性	
紧急程序：	[ ]紧急	[ ]高	[ ]中	[ ]低
需要维护的原因和维护后产生的影响：				

	原因	影响

所有维护过的模块和系统的结果及成本/工作：

模块标志	维护变更量		工作（人/小时）

对所进行维护工作的注释：

维护人员签名：

签名： 日期：

图 7.8 软件维护报告表样

软件问题解决记录表			
软件问题编号			
维护人		维护时间	

软件解决过程：

签名： 日期：

软件用户意见：

签名： 日期：

评审委员会意见：

签名： 日期：

备注：

图 7.9 软件问题解决记录表

用户意见反馈表				
尊敬的用户：非常感谢你选用本公司产品，我们在不断提升产品品质的同时，更希望能了解您再使用我们产品过程中的意见或建议，对此我们表示由衷的感谢				
用户名称		联系人		
调查单位		调查日期		
调查内容	产品性能	很满意□	基本满意□	不满意□
	受用效果	很满意□	基本满意□	不满意□
	售后服务	很满意□	基本满意□	不满意□
	交付工期	很满意□	基本满意□	不满意□
	交付价格	很满意□	基本满意□	不满意□
	安全施工	很满意□	基本满意□	不满意□
满意度		很满意□	基本满意□	不满意□
对本产品运行反馈评价：				
签名或盖章：				

图 7.10 用户意见反馈表

7.5 实施软件维护

实施软件维护时需要考虑诸多问题，如维护机构、维护流程、维护评价，影响软件维护的工作量、维护成本等。

7.5.1 维护机构

除了较大的软件开发公司外，通常在软件维护工作方面，不需要正式的维护机构。维护工作往往是在没有计划的情况下进行的。虽然不要求建立一个正式的维护机构，但是在开发部门确立一个非正式的维护机构是非常必要的。例如，图 7.11 就是一个维护机构的组织方案。

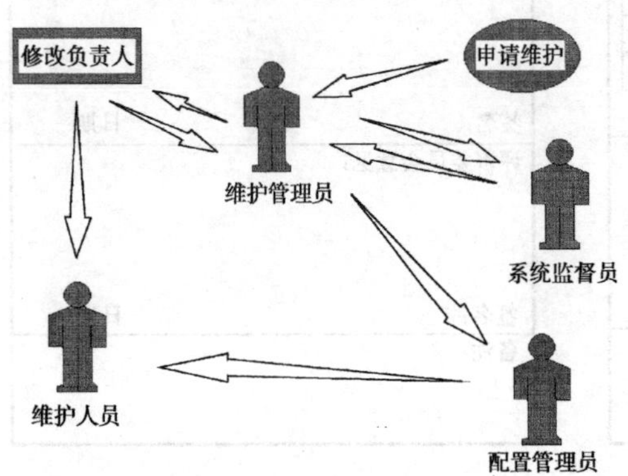

图 7.11 软件维护的机构

维护申请提交给一个维护管理员，管理员再把申请交给某个系统监督员去评价。一旦做出评价，由修改负责人确定如何进行修改。在维护人员对程序进行修改的过程中，由配置管理员严格把关，控制修改的范围，对软件配置进行审计。

维护管理员、系统监督员、修改负责人等均有维护工作的某个职责范围。修改负责人、维护管理员可以是指定的某个人，也可以是一个包括管理人员、高级技术人员在内的小组。系统监督员可以有其他职责，但应具体分管某一个软件包。

在开始维护之前就把责任明确下来，可以大大减少维护过程中的混乱。

7.5.2 维护流程

先确认维护要求，这需要维护人员与用户反复协商，弄清错误概况、对业务的影响大小，以及用户希望做什么样的修改，然后由维护管理员确认维护类型。

对于改正性维护申请，从评价错误的严重性开始。如果存在严重的错误，则必须安排人员，在系统监督员的指导下进行问题分析，寻找错误发生的原因，进行“救火”性的紧急维护；对于不严重的错误，可根据任务情况，视轻重缓急进行排队，统一安排时间。

对于适应性维护和完善性维护申请，需要先确定每项申请的优先次序。若某项申请的优先级非常高，就可立即开始维护工作，否则，维护申请和其他的开发工作一样进行排队，统一安排时间。

尽管维护申请的类型不同，但都要进行同样的技术工作。这些工作有：修改软件需求说明、修改软件设计、设计评审、对源程序做必要的修改、单元测试、集成测试（回归测试）、确认测试、软件配置评审等。

在每次软件维护任务完成后，最好进行一次评审，确认以下问题：在目前情况下，设计、编码、测试中的哪一方面可以改进？哪些维护资源应该有但没有？工作中主要的或次要的障碍是什么？从维护申请的类型来看，是否应当有预防性维护？

7.5.3 维护评价

评价维护活动比较困难，因为缺乏可靠的数据，但如果维护记录做得比较好，就可以得出一些维护“性能”方面的度量值。可参考的度量值，如可以通过前面介绍的度量值提供的定量数据，对开发技术、语言选择、维护工作计划、资源分配以及其他方面做出评价。因此，可以用这些数据来评价维护工作。

7.5.4 维护成本

软件维护成本包括有形维护成本和无形维护成本。有形的软件维护成本是花费了多少钱；而其他非直接的维护成本称为无形维护成本，该部分的成本也应计算在总维护成本内。

例如，无形的成本可以是：

- 一些看起来是合理的修复或修改请求不能及时安排，使得客户不满意。
- 变更的结果是把一些潜在的错误引入正在维护的软件，使得软件整体质量下降。
- 当必须把软件人员抽调到维护工作中去时，软件开发工作受到干扰。

软件维护的代价下降决定软件生产率方面的大幅下降。有报告说，生产率将降到原来的1/40。

维护工作量可以分成生产性活动（如分析和评价、设计修改和实现）和“轮转”活动（如试图理解代码在做什么，试图判明数据结构、接口特性、性能界限等）。下面的公式给出了一个维护工作量的模型：

$$M = p + \mathrm{K}e^{c-d}$$

式中，M 为维护中消耗的总工作量；p 为上面描述的生产性工作量；K 为一个经验常数；c 为因缺乏好的设计和文档而导致复杂性的度量；d 为对软件熟悉程度的度量。

这个模型指明，如果使用了不好的软件开发方法（未按软件工程要求做），原来参加开发的人员或小组不能参加维护，则工作量（及成本）将按指数级增加。

小　结

本章介绍了软件维护的相关概念、维护类型及维护过程，并介绍了非结构化维护、结构化维护的内容及区别，特别对结构化维护的组织、维护报告、维护过程、维护记录、维护评价等进行了介绍。

本章还介绍了软件的可维护性概念，以及提高软件可维护性的方法，介绍了软件维护的相关文档、文档的处理流程及文档格式，最后介绍了实施软件维护与软件维护成本等相关概念。

习　题

一、填空题

1．软件维护是在软件开发完成并交付客户使用后，为纠正错误或满足用户新的需求而

________软件的过程。

2．软件维护分为：________、________、________、________4 种类型。

3．如果一款软件没有按软件工程规范来设计，且软件中缺少许多必要的________，则可能会对软件维护带来灾难性的困难。

4．如果软件的配置中只有代码部分，而没有相应的文档说明，这种情况下进行的软件维护就是________。如果软件的配置是完整的，对这类软件的维护就是________。

5．软件维护过程主要包括________、________、________、________以及________活动。

二、思考与简答题

1．软件维护包括哪些内容？

2．软件的可维护性与哪些因素有关？如何提高软件的可维护性？

3．简述软件维护的流程。

4．为什么说软件维护是一项困难的工作？

5．软件维护的副作用有哪些？如何避免软件维护的副作用？

试一试：结构化维护过程与文档格式实训

实训：设计一套结构化维护过程及文档格式

（一）综合实训内容

在某款软件的维护过程中，如果该软件是按软件工程规范来设计的，且软件中必要的文档配置齐全，则维护该软件称结构化维护。结构化维护中的规范文档会对软件维护带来许多方便，这些文档包括软件配置文档及软件维护文档。

- 软件配置文档，包括软件的需求分析说明书、软件设计说明书、软件变更与评审记录、用户使用手册等在软件开发过程中产生的文档。
- 软件维护文档，包括问题报告、维护申请书、维护评价报告、维护记录和软件维护报告等。

根据结构化维护方式，定义一套软件维护过程及需要的相应文档，并定义维护的过程管理规则。

（二）实训方案与步骤

1．实训目的与要求

（1）了解结构化维护的过程及文档的作用。

（2）了解结构化维护各步骤文档的作用。

2．实训方案

根据“7.4 软件维护相关文档”中的介绍，设计一个适合结构化维护的文档体系，并从可实施与可操作性角度进行完善。

3．实训步骤

（1）设计维护组织结构。

（2）定义维护组织各角色及其职能。

（3）定义维护实施的流程，维护各阶段的工作内容。

（4）定义维护过程中各阶段工作记录的文档格式。

第8章 物流管理系统开发分析与设计案例

学习目标

[知识目标]

■ 以物流管理系统开发过程为案例，了解软件开发的整个过程及文档编写。
■ 了解软件开发关键过程任务：需求分析与分析建模、设计与设计建模。
■ 经过软件开发的分析到设计，理解总体设计到详细设计，再到软件实现的过程。
■ 理解软件需求分析、软件设计的文字与模型表达。

[能力目标]

■ 掌握软件开发报告的编写，特别是需求分析、软件设计内容的编写。

8.1 引言

本书第 2～5 章的内容以“物流管理系统”的项目开发为导向展开软件的需求分析、软件设计的教学（分别用“结构化方法”和“面向对象方法”），但由于侧重介绍软件开发的方法及相关知识，难免在项目内容介绍时不够详尽与连贯。本章将以目前流行的面向对象开发方法，较详细地介绍“物流管理系统”软件项目开发过程及模型的建立，以弥补前几章内容的不足。

软件开发有如下几个重要过程。

（1）业务描述：对软件要实现的内容及范围进行规定与阐述，用需求陈述的形式对问题进行定义。

（2）用例建模：从系统被使用与操作的角度，建立与用户交互的模型。

（3）静态模型：系统中交互的静态实体模型，主要是领域实体类的分析类图。

（4）数据库设计：数据库及表结构的设计与实现。

（5）架构设计：从宏观角度构造软件系统的结构，以及各软件模块的组织与运行环境。

（6）类的设计：从实现的角度设计各模块与类，主要是设计类图。

（7）编码实现：以面向对象编码将上述设计进行实现。

下面就以“物流管理系统”的开发为案例，介绍软件开发这几个重要过程及所涉及的分析与设计模型，最终用这些内容指导软件的编码实现。

引导案例

对物流管理系统进行分析与设计（书写项目报告）

本章完整地对贯穿于本书的物流管理系统案例，进行分析、设计描述，包括文字、模型等。通过该案例，读者可以综合了解软件开发报告的编写。

8.2 项目概述

简单地说，物流是经济社会活动中“物”的流动。随着现代信息技术和电子商务技术的发展，与之相伴而生的现代物流正在成为新的社会需求，现代物流管理是物品运输、存储、包装、装卸搬运、配送、流通加工和信息处理等物流活动的综合活动。

物流管理是根据物流这种先进的经济运行而产生的各种物流运作活动，它根据客户的要求，为了实现物流的目的，而进行的计划、组织、协调与控制。这种管理可能是社会宏观物流的管理，也可能是企业微观物流的管理；可能是横向管理，也可能是纵向管理；可能是单元管理，也可能是多元管理等。物流管理必须以市场为导向，以企业为核心，以信息网络技术为支撑，以降低物流成本、提高服务质量为目的。

本项目是开发一个供物流公司使用的网络物流管理系统，它可对货物进行登记、送货、仓储、发货直到送到收货人手中的整个过程的信息管理。

8.3 需求分析

8.3.1 业务描述

本项目是开发一个物流公司进行物流管理的计算机网络系统，它用以处理公司的物流与配送业务。

物流处理业务包括收货点接收用户的货物，称重、打包、填单、收费，并将信息输入计算机中，要求将送货单号扫描入数据库。送货员到各个网点接送货物，将货物集中送到物流仓库。物流仓库每天将集中的货物根据送达目的地不同而分拣成不同区域，由送货员分别送到不同的地方或收货人手中。各个阶段均通过扫描进入数据库，客户可以根据送货单号查询到货物状态。财务部相关人员根据送货人送的送货单、数量处理收费及与各相关人的费用结算。

8.3.2 用例建模

根据业务描述，物流管理系统主要分为5个角色，分别为客户、送货员、仓库管理员、收货员、结算员。物流管理系统用例模型如图8.1所示。

用例图角色与用例说明：

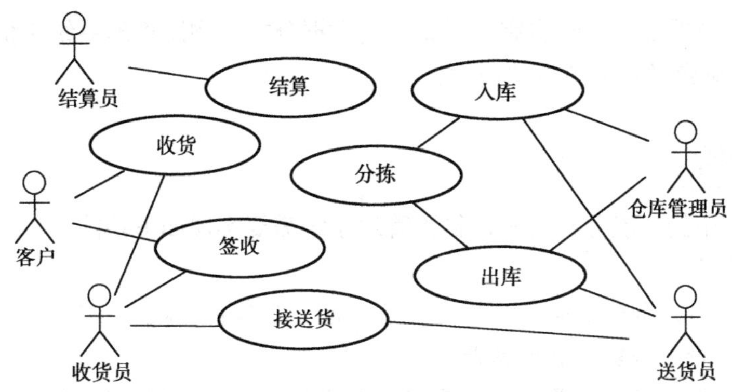

图 8.1　物流管理系统用例模型

- 客户：如果是寄货，则将要寄的货物拿到收货点，办理送货手续；如果是收货，则接收货物并签收，如果是货到付款的，还要进行付费。客户可以查询货物的不同状态。
- 收货员：在收货点接收用户的货物，称重、打包、填单、收费，并填写送货单，将信息输入计算机中。
- 送货员：到各个网点接送货物，将货物集中到物流分拣仓库；并将到达的货物送到收货点或收货人手中。
- 仓库管理员：每天接收到此地的货物，登记入库情况；还要根据目的地的不同分拣到不同区域；最后由送货员办理出库，并送到不同的地方或收货人手中。
- 结算员：各个阶段及操作信息均要通过扫描进入数据库。结算员根据这些信息计算各送货员及业务员的工作量，核算各方的费用并进行结算。

8.3.3　用例交互实体建模——对象模型（实体类图）

根据第 4 章介绍的方法对物流管理系统进行对象模型（实体类图）的建立，现将它进行细化与完善，如完善属性、方法、关联等，得到物流管理系统的实体类图，即静态对象模型，如图 8.2 所示。

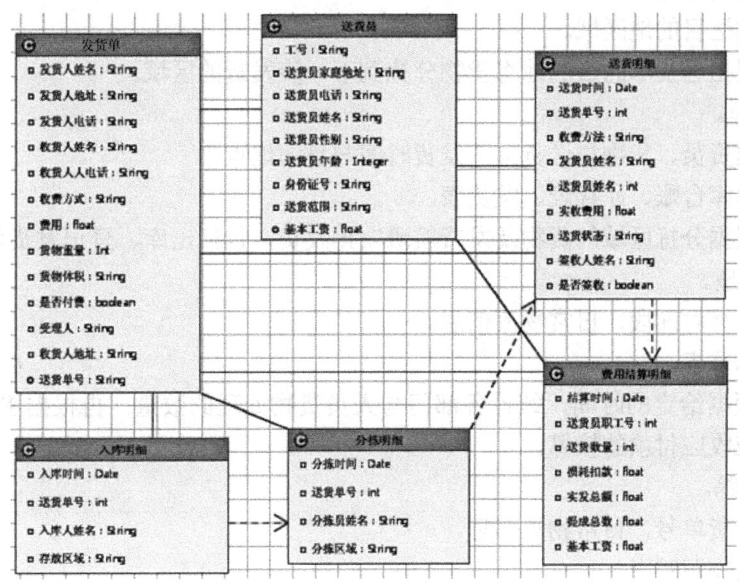

图 8.2　物流管理系统静态实体类图

建立静态实体类图后，同时也完成了系统的数据分析。物流管理系统包括图 8.1 中所示的 5 个实体类，并且确定了它们各自的属性。

8.3.4 功能分析

通过需求分析中的功能分析可知，物流管理系统需要实现如下功能。

（1）送货员管理。

■ 输入：送货员人事档案信息、基本待遇信息、工作量信息、工作安排信息。

■ 输出：业绩表、薪酬工资核算表。

■ 处理：日常对送货员的管理，包括录入员工信息、工作安排处理、基本待遇设定、业绩考核、核算与发放工资。

（2）货物受理。

■ 输入：用户送货需求。

■ 输出：送货单。

■ 处理：收货人进行收货，并对货物进行包装、计价、填写送货单。

（3）接送货管理。

■ 输入：送货员、货物与送货单。

■ 输出：送货目的地及货物状态。

■ 处理：送货员接货并送货到目的地，到达目的地后办理交接手续（可通过扫描完成）。

（4）仓储与分拣管理。

① 入库管理。

■ 输入：送货员、货物与送货单、入库时间。

■ 输出：入库台账、库存表。

■ 处理：办理入库手续并进行入库登记。

② 分拣管理。

■ 输入：货物与送货单。

■ 输出：到达目的地区域。

■ 处理：根据送货单的目的地将货物分拣到下一步发货的区域。

③ 出库管理。

■ 输入：送货员、货物与送货单、发货时间与目的地点。

■ 输出：出库台账、库存表、发货表。

■ 处理：根据分拣区域的货物及发货航班安排发货，包括出库、登记发货信息。

（5）结算管理。

■ 输入：结算时间段，日常物流信息。

■ 输出：结算表。

■ 处理：根据给定的时间，统计各部门与人员货物处理的数量，再根据事先协议条款进行各自应收应付款的核算。

（6）货物跟踪。

■ 输入：送货单号，日常物流信息。

■ 输出：货物跟踪表。

- 处理：根据送货单号统计各个阶段货物的时间、地点、摘要信息并列表显示。

（7）工资管理。

- 输入：职工档案工资信息、业绩信息。
- 输出：工资核算与发放表。
- 处理：计算工资各项的应收应付条款，制作工资核算表与工资发放表。

8.3.5　交互细节的建模——动态模型

动态模型的建立见第 4 章的介绍，动态模型可以用顺序图表示（见图 8.3），描述系统的动态特征，将来用于设计软件的功能处理。

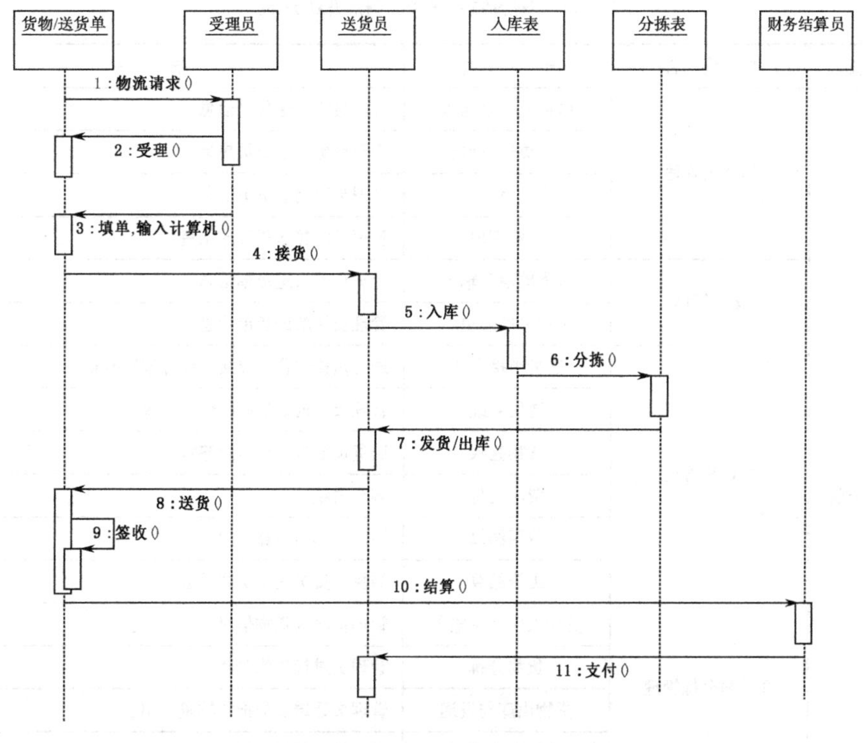

图 8.3　物流管理系统顺序图

系统的顺序图表示系统各个类与对象之间按时间进行交互的动态特征，也可以用 UML 活动图表示。如果表示系统内某个对象按事件触发而形成的状态变化，则可用状态图表示。

8.4　软件设计

8.4.1　功能模块设计

根据需求分析中的功能分析，软件可设计成如下功能模块（见图 8.4 与表 8.1）。

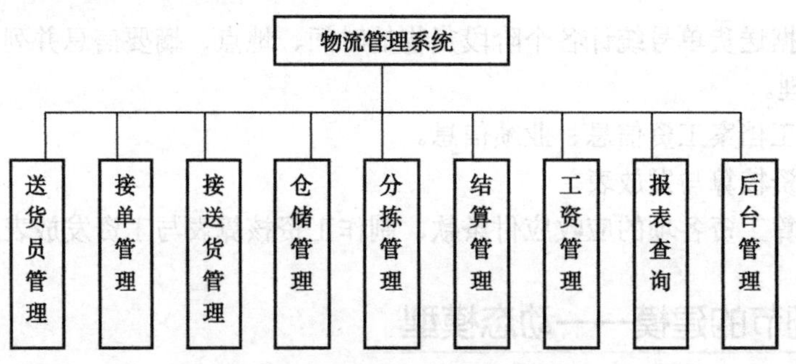

图 8.4　物流管理系统软件设计

表 8.1　物流管理系统的模块划分表

子　系　统	模　块　名	子　功　能	描　　述
物流管理系统前台	送货员管理	送货员信息输入	管理员输入送货员信息
		送货员信息更新	管理员更新送货员信息
		送货员信息查询	管理员查询送货员信息
		工资管理	管理员结算送货员的工资
	接单管理	送货单信息输入	管理员输入送货单信息
		送货单信息更新	管理员更新送货单信息
	接送货管理	送货员接送货	送货员接送货，交接手续办理与确认
		送货明细	管理员查询送货明细信息记录
		货物签收	送货员送货，让客户签收
		费用支付	客户付款
		费用结算	内部各部门结算费用
		工资结算	结算送货员的工资并发放
	仓储与分拣管理	货物入库信息输入	管理员输入货物信息
		货物分拣	管理员进行货物分拣处理
		货物出库与发送	管理员让送货员把货物发送出去
		货物信息更新	管理员更新货物信息
	报表、跟踪查询	统计报表	系统各项统计报表
		送货单查询	查询送货单走货流程与状态
	结算管理	费用结算	结算各项费用
		工资管理	对员工工资进行管理
物流管理系统后台	系统维护	操作员管理	对操作员及其权限进行管理
		部门管理	对内部的各机构部门进行管理
		静态数据维护	对计价表、费用结算规则、业务工资算法等数据进行维护

8.4.2　软件架构设计（基于 JavaEE）

为了实现上述设计的软件功能，需要落实到某具体的开发工具（如 JavaEE）来完成。本章以目前流行的 JavaEE 为例介绍该物流管理系统的设计与实现。

上述物流管理系统的设计只是从业务功能的结构进行了设计，但如果要实现，则需要根据某个工具实现的角度进行设计。如用 JavaEE 进行实现，则先要进行总体架构的设计与实现，然后进行各个模块的设计与实现。

基于 JavaEE 物流管理系统的总体设计如图 8.5 所示。整个系统分为三大子系统：技术支撑子系统、业务处理子系统和后台管理子系统。

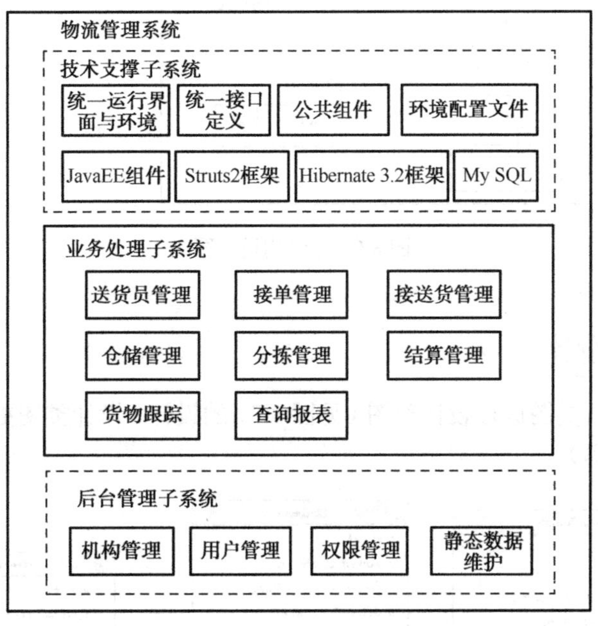

图 8.5　基于 JavaEE 的架构设计

系统采用 JavaEE 分层结构，整体上分为 4 层：视图层、控制层、模型层、数据访问层。

- 视图层：采用 JSP 动态网页技术、Struts2 框架、JQ-Validation 验证框架。
- 控制层：采用 Struts2 的 Action 控制器、Spring 框架。
- 模型层：采用 JavaBean、EJB 框架。
- 数据访问层：采用 Hibernate 3.2 框架。

系统包结构设计如表 8.2 所示，包结构设计图如图 8.6 所示。

表 8.2　系统包结构设计说明

层 结 构	包　名	说　明
控制层（C）	org.logistic.action	存放控制器的类包
模型层（M）	org.logistic.dao	数据访问层接口包
	org.logistic.dao.impl	数据访问层实现类包
	org.logistic.entity	数据模型（实体类）包
	org.logistic.service	业务逻辑层接口包
	org.logistic.service.impl	业务逻辑层实现类包
	org.logistic.util	通用工具包
视图层（V）	WebRoot/jsp	视图层 jsp 文件夹

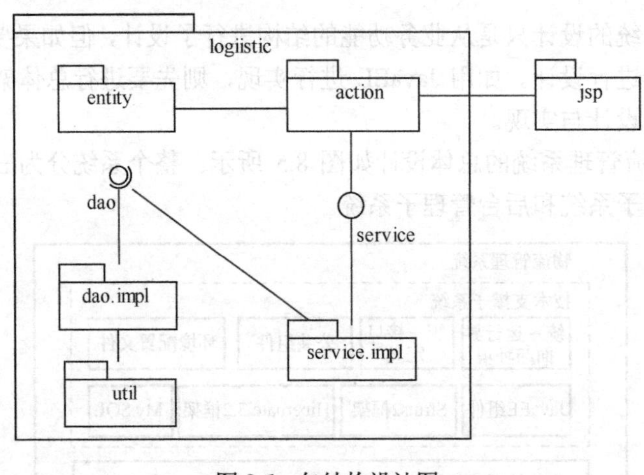

图 8.6　包结构设计图

8.4.3　实体类的设计

根据实体类的分析类图进行设计类图（见图 8.7）的设计。设计类图更接近于软件编码（甚至可以直接转换为代码）。

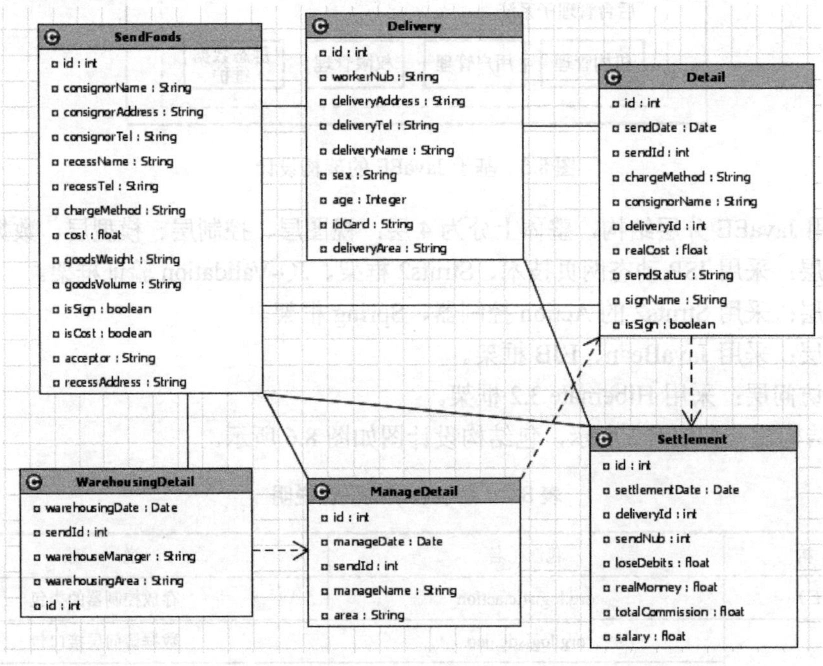

图 8.7　设计类图

8.4.4　数据库设计

由于实体类体现的是数据模型，而数据模型是数据库设计的基础，所以根据实体类设计数据库表结构如下。根据设计，数据库表有：送货单表、送货员表、入库明细表、分拣明细表、送货明细表、费用结算表。数据库表的设计如表.8.3～表 8.8 所示。

表 8.3　送货单表

（t_send_foods）送货单表				
编　号	字 段 名	是否允许为空	长　度	描　述
1	ID	No	int	
2	consignor_name	No	varchar（64）	发货人姓名
3	consignor_address	No	varchar（64）	发货地址
4	consignor_tel	No	varchar（20）	发货人电话号码
5	recess_name	No	varchar（32）	收货人名字
6	recess_tel	No	varchar（32）	收货人电话号码
7	recess_address	No	varchar（32）	收货人地址
8	charge_method	No	varchar（64）	收费方法
9	cost	Yes	float	费用
10	goods_weight	No	varchar（32）	货物重量
11	goods_volume	No	varchar（32）	货物体积
12	is_sign	No	int（3）	是否签收
13	is_cost	No	int（3）	是否收费
14	acceptor	No	varchar（3）	受理人

表 8.4　送货员表

（t_delivery）送货员表				
编　号	字 段 名	是否允许为空	长　度	描　述
1	ID	No	int	
2	worker_nub	No	varchar（64）	职工号
3	delivery_address	No	varchar（64）	送货员家庭地址
4	delivery_tel	No	varchar（20）	送货员电话号码
5	delivery_name	No	varchar（32）	送货员名字
6	sex	No	varchar（32）	性别
7	age	No	varchar（10）	年龄
8	id_car	No	varchar（64）	身份证号
9	delivery_area	Yes	varchar（128）	送货范围

表 8.5　入库明细表

（t_warehousing_detail）入库明细表				
编　号	字 段 名	是否允许为空	长　度	描　述
1	ID	No	int	
2	warehousing_date	No	varchar（64）	入库时间
3	send_id	No	int（32）	送货单号
4	warehouse_manager	No	varchar（20）	仓库管理员
5	warehousing_area	No	varchar（32）	入库存放区

表 8.6　分拣明细表

（t_manage_detail）分拣明细表				
编　　号	字　段　名	是否允许为空	长　　度	描　　述
1	ID	No	int	
2	manage_date	No	varchar（64）	分拣时间
3	send_id	No	int（32）	送货单号
4	manage_name	No	varchar（20）	分拣员
5	area	No	varchar（32）	目的地区域

表 8.7　送货明细表

（t_detail）送货明细表				
编　　号	字　段　名	是否允许为空	长　　度	描　　述
1	ID	No	int	
2	send_date	No	time	送货时间
3	send_id	No	int（32）	送货单号
4	charge_method	No	varchar（64）	收费方法
5	consignor_name	No	varchar（32）	发货员姓名
6	delivery_name	No	varchar（32）	送货员姓名
7	real_cost	No	varchar（10）	实收费用
8	send_status	No	varchar（64）	送货状态
9	sign_name	Yes	varchar（64）	签收人姓名
10	is_sign	Yes	varchar（64）	是否签收

表 8.8　费用结算表

（t_settlement）费用结算表				
编　　号	字　段　名	是否允许为空	长　　度	描　　述
1	ID	No	int	
2	settlement_date	No	time	结算时间
3	send_id	No	int（32）	送货职工号
4	send_nub	No	varchar（20）	送货数量
5	lose_debits	No	varchar（32）	损耗扣款
6	real_monney	No	varchar（32）	实发总数
7	total_commission	No	varchar（10）	提成总数
8	salary	No	varchar（64）	底薪

物流管理系统的数据库实体关系如图 8.8 所示。

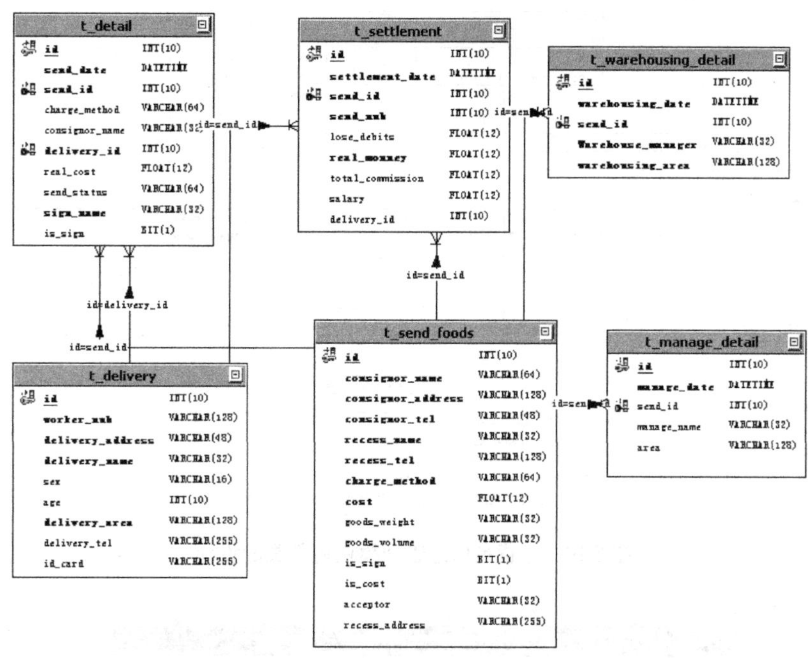

图 8.8　物流管理系统的数据库实体关系图

8.5　软件模块设计与实现

根据软件模块设计，系统模块主要包括送货员信息管理、接单管理、接送货管理、仓储与分拣管理、结算管理等。

8.5.1　送货员信息管理模块

1. 子模块设计

送货员信息管理模块用于管理送货员的信息，其内部结构设计如图 8.9 所示。

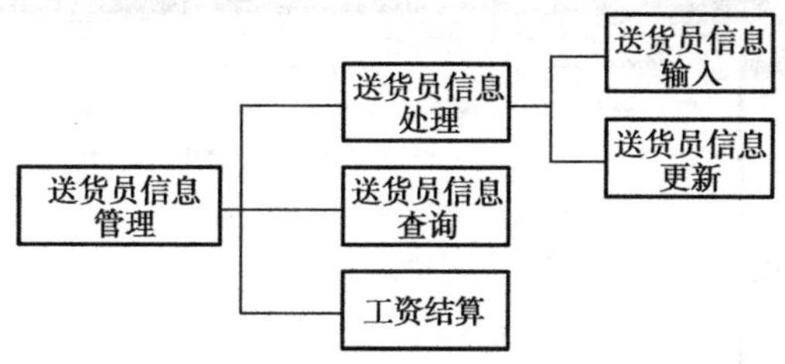

图 8.9　送货员信息管理模块内部结构设计

2. 类的设计

送货员信息管理模块内部类的设计，包括实体类、业务逻辑处理类等，具体如图 8.10 所示。

3. 模块界面设计

送货员信息管理模块的界面设计，包括送货员信息输入、送货员信息查询等，具体界面的设计如图 8.11 所示。

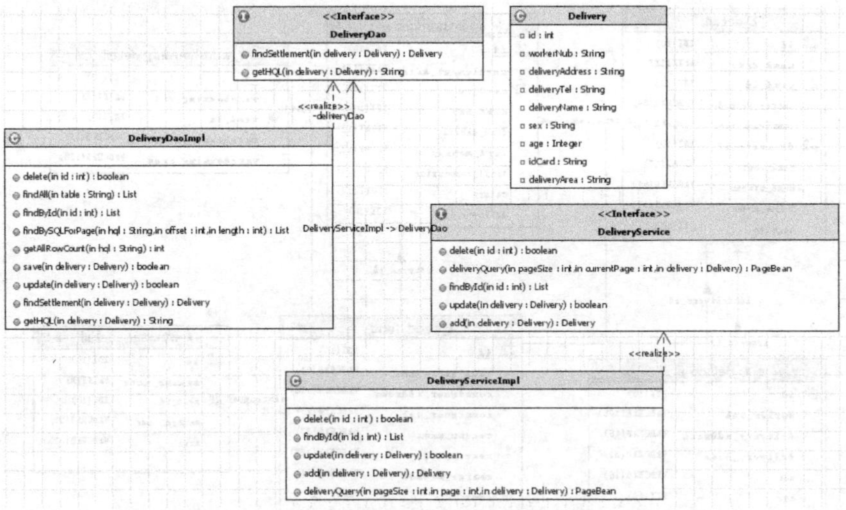

图 8.10　送货员信息管理模块内部类的设计

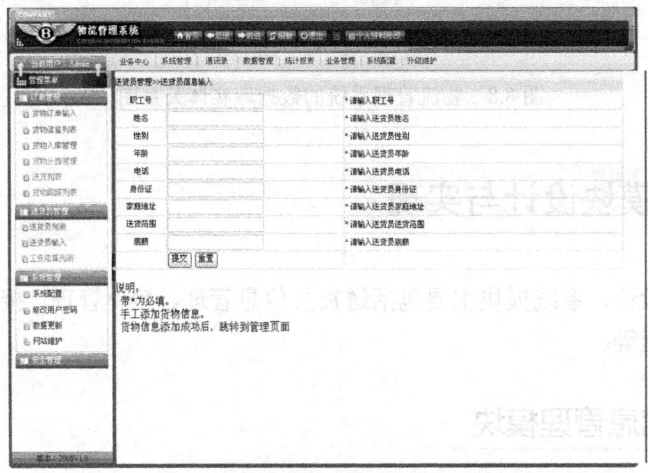

（a）送货员信息输入界面

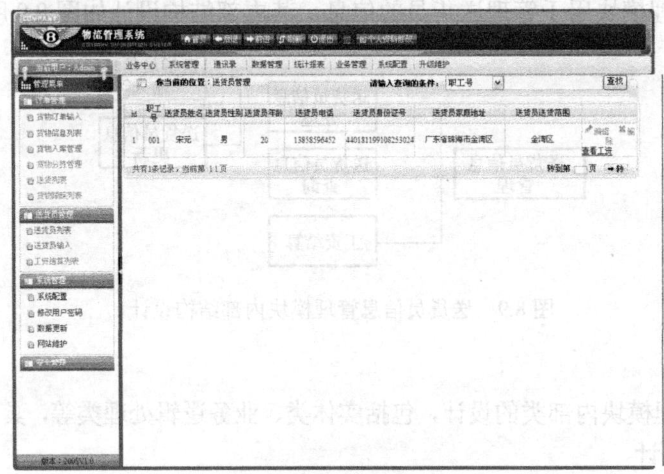

（b）送货员信息查询界面

图 8.11　送货员信息管理模块界面的设计

（c）送货员工资管理界面

图 8.11　送货员信息管理模块界面的设计（续）

8.5.2　接单管理模块

1. 子模块设计

接单管理模块用于管理收货员在接单过程中的信息处理，包括：物流货物的受理、送货单的填写并输入到计算机中。接单管理模块的内部结构设计如图 8.12 所示。

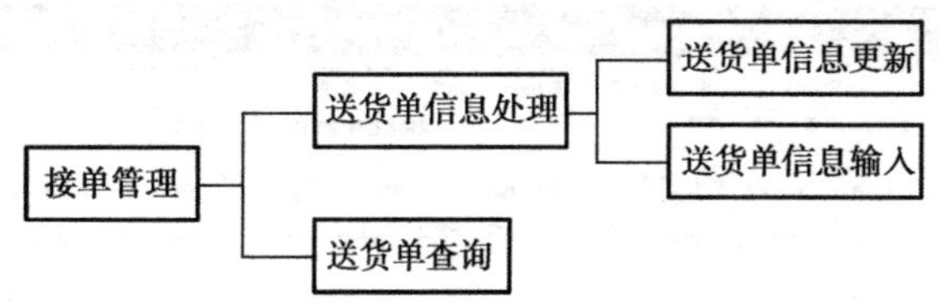

图 8.12　接单管理模块内部结构设计

2. 类的设计

接单管理模块内部类的设计，包括实体类、业务逻辑处理类等，具体如图 8.13 所示。

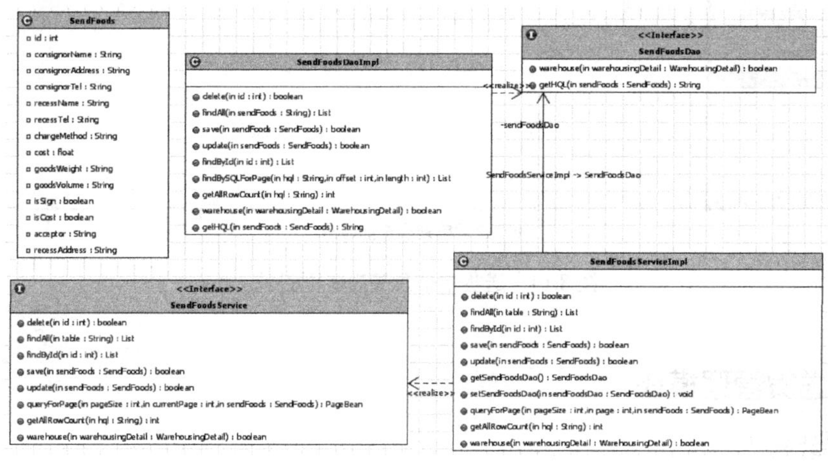

图 8.13　接单管理模块内部类的设计

3. 模块界面设计

接单管理模块的界面设计，包括送货单信息输入、送货单列表查询显示等，具体界面的设计如图 8.14 所示。

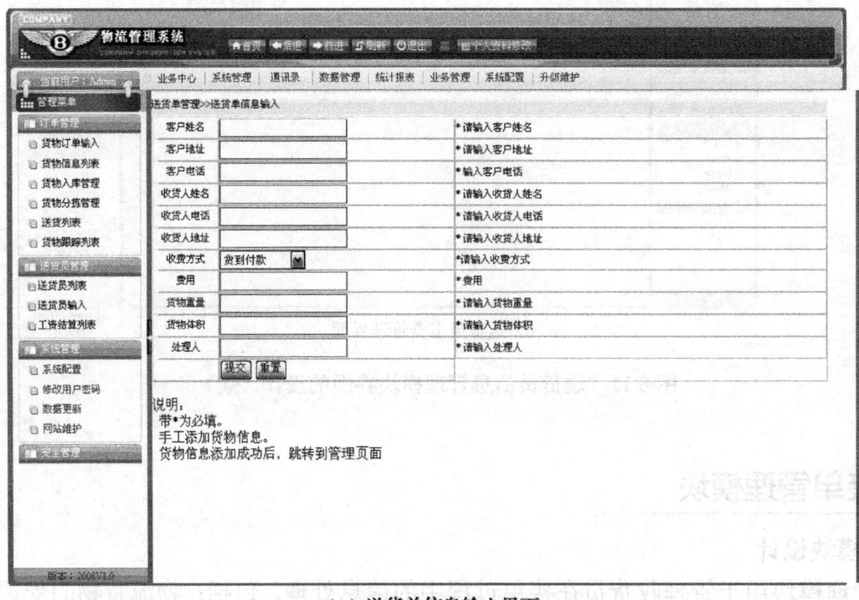

（a）送货单信息输入界面

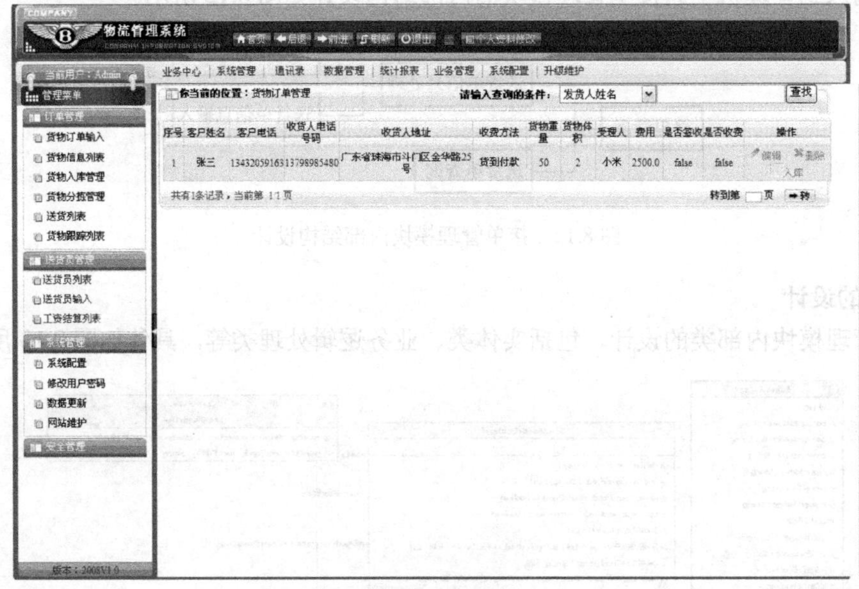

（b）送货单列表查询显示

图 8.14　送货单信息管理界面设计

8.5.3　接送货管理模块

1. 子模块设计

接送货管理模块用于处理与记录送货员在接送货过程中产生的信息，其内部结构设计如

图 8.15 所示。

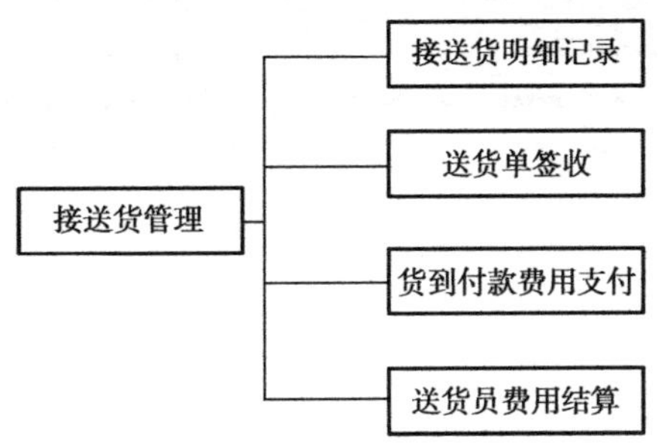

图 8.15　接送货管理模块内部结构设计

2. 类的设计

接送货管理模块内部类的设计，包括实体类、业务逻辑处理类等，具体如图 8.16 所示。

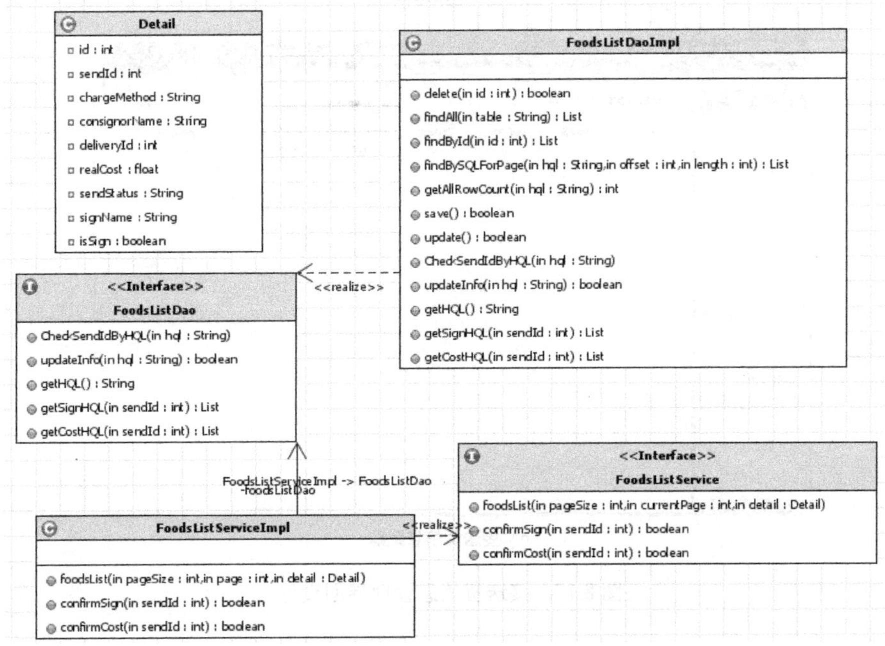

图 8.16　接送货管理模块内部类的设计

3. 模块界面设计

接送货管理模块的界面设计，包括接送货信息输入、接送货信息查询与跟踪等，具体界面的设计如图 8.17 所示。

8.5.4　仓储与分拣管理模块

1. 子模块设计

仓储与分拣管理模块用于管理仓储过程的入库、库存、出库处理，以及货物在分拣过程的信息登记，其内部结构设计如图 8.18 所示。

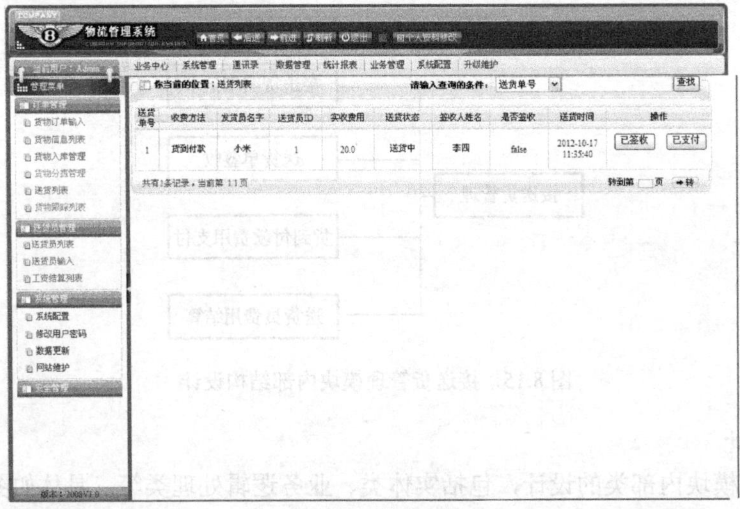

（a）接送货信息查询

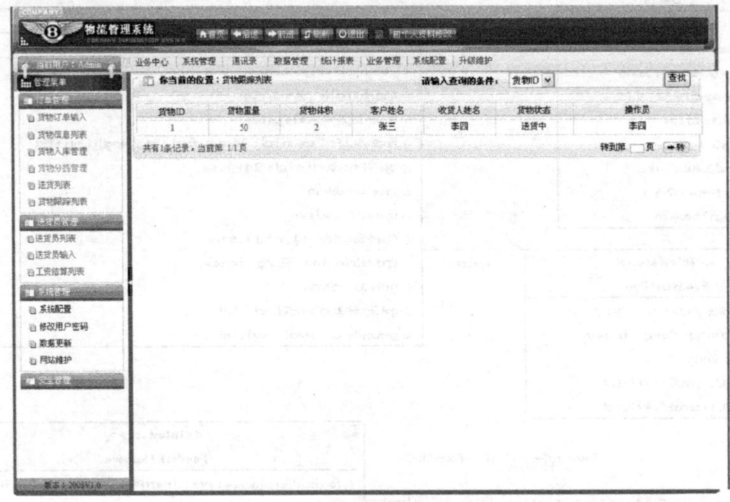

（b）接送货信息跟踪

图 8.17　接送货信息管理界面设计

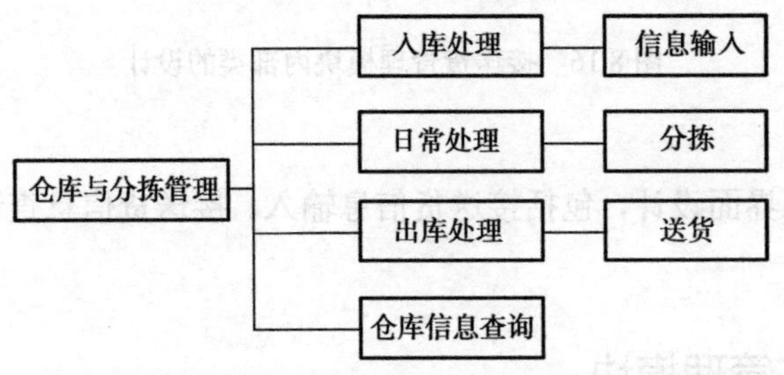

图 8.18　仓储与分拣管理模块内部结构设计

2. 类的设计

仓储与分拣管理模块内部类的设计，包括实体类、仓储业务逻辑处理类、分拣业务处理类等，具体如图 8.19 所示。

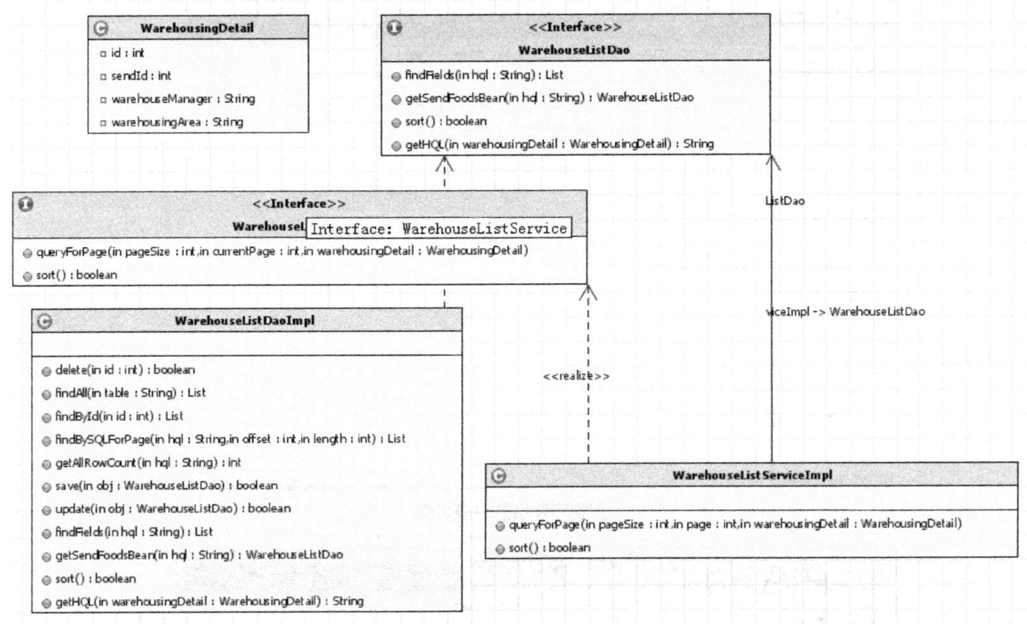

（a）仓储管理类的设计

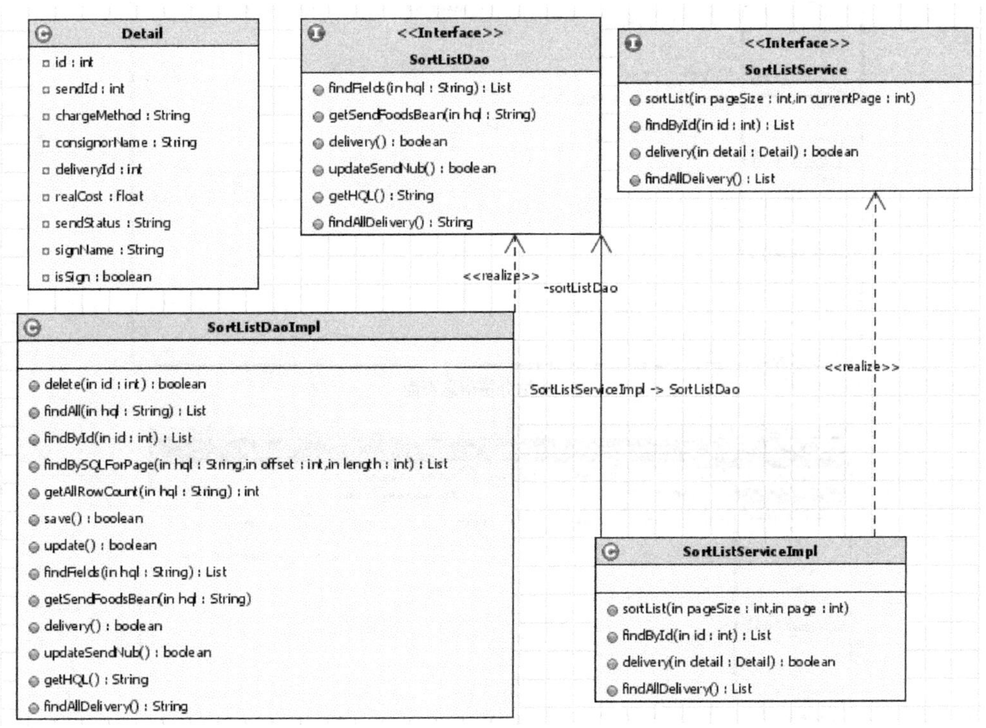

（b）分拣管理类的设计

图 8.19　仓储与分拣管理模块内部类的设计

3. 模块界面设计

仓储与分拣管理表示层的界面，包括出入库信息输入与处理、分拣数据输入与处理、送货信息输入与处理等，具体界面的设计如图 8.20 所示。

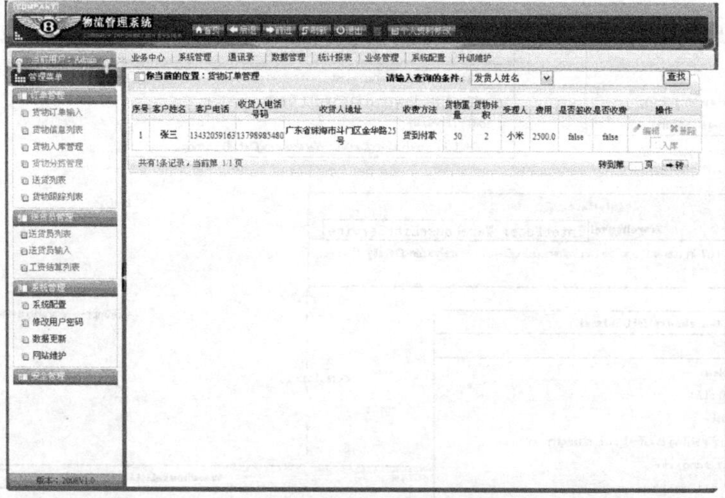

（a）货物库存信息列表页面

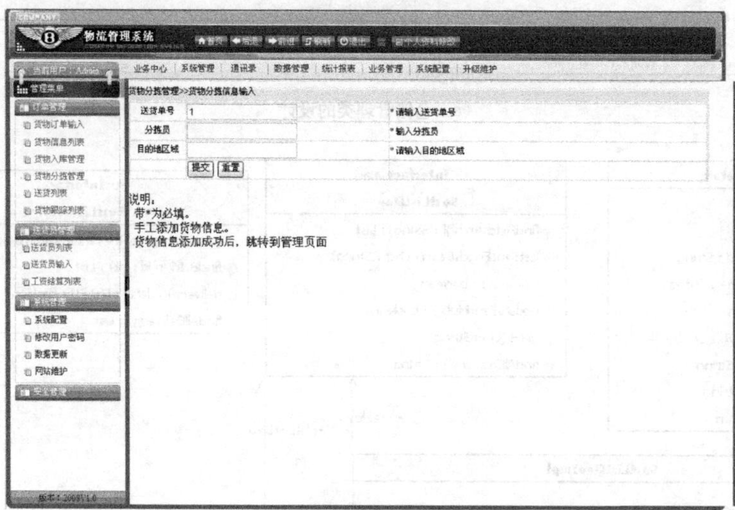

（b）货物分拣信息页面

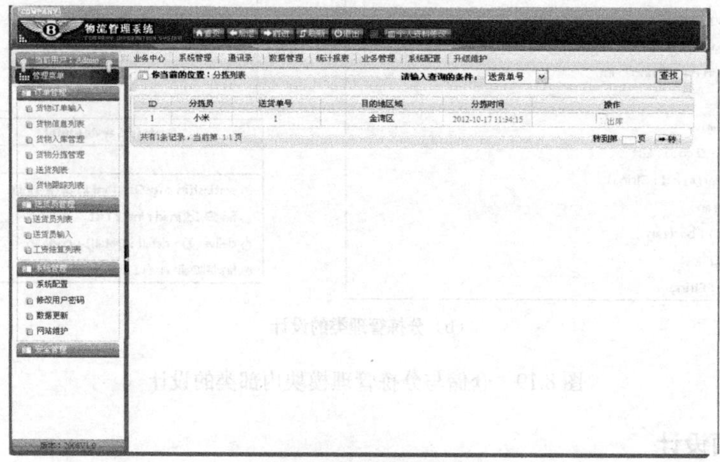

（c）货物分拣信息列表页面

图 8.20　仓储与分拣管理界面设计

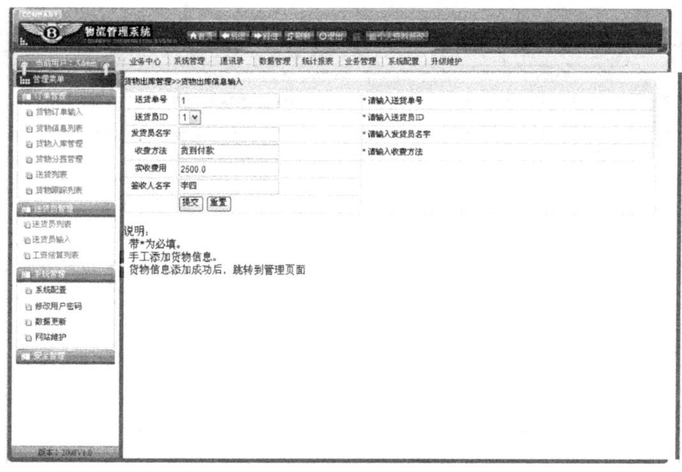

（d）货物出库信息处理页面

图 8.20　仓储与分拣管理界面设计（续）

8.5.5　结算管理模块

1．子模块设计

结算管理模块用于处理物流过程中产生的各项费用，如与员工、部门、客户等的费用结算，最后通过结算表的形式进行汇总与统计。结算管理模块的内部结构设计如图 8.21 所示。

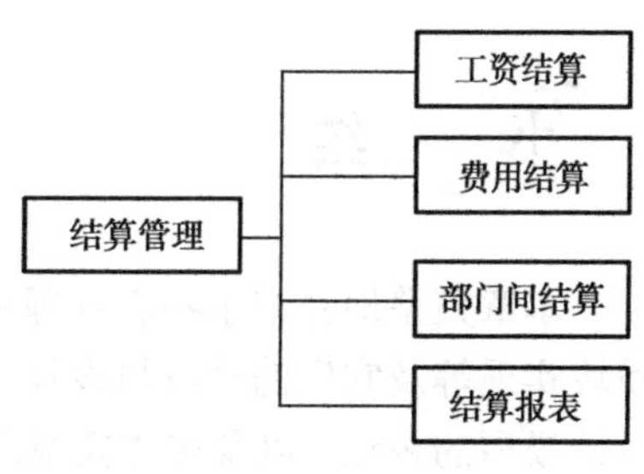

图 8.21　结算管理模块内部结构设计

2．类的设计

结算管理模块内部类的设计，包括实体类、业务逻辑处理类等，具体如图 8.22 所示。

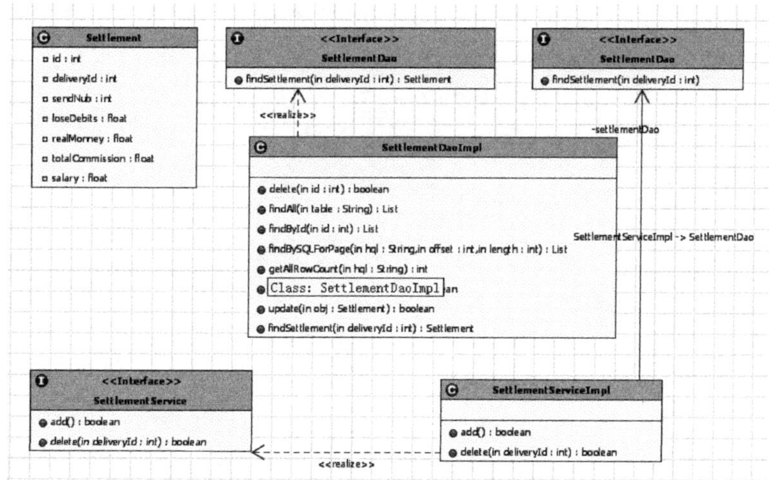

图 8.22　结算管理模块内部类的设计

3．模块界面设计

结算管理模块的界面设计，包括送货员工资结算、查询等，具体界面的设计如图 8.23 所示。

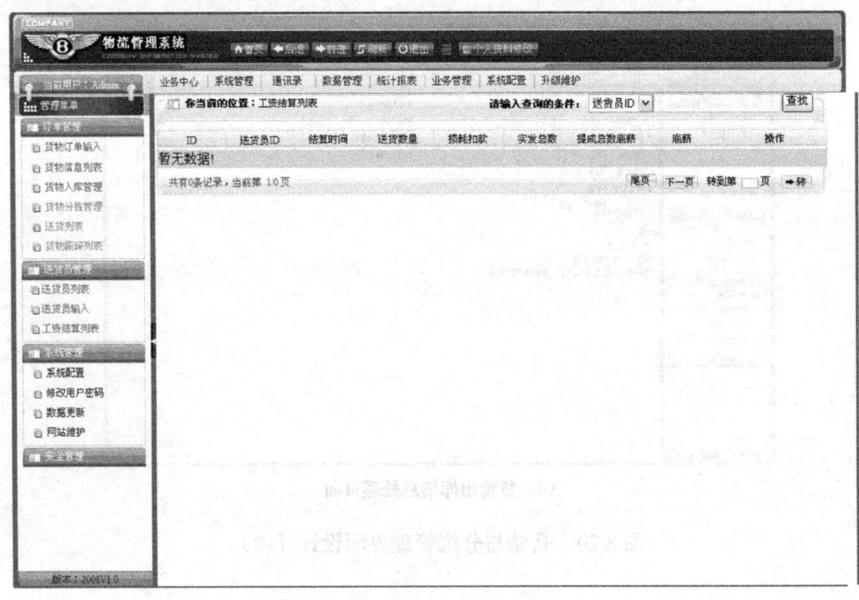

图 8.23　送货员工资结算界面设计

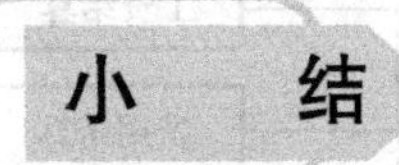

小　结

本章完整地介绍了物流管理系统软件项目开发的文档与模型，包括需求分析、软件设计、模块实现等及它们的分析与设计说明。通过该案例，读者可以了解软件的文字描述、分析模型、设计模型的表达，以及这些模型之间的关系。这些软件文档的学习对读者今后编写项目开发文档与开发报告有一定的帮助。

附录A

计算机软件开发文件编制指南（GB/T 8567—1988）

第一部分　软件需求说明书的编写

1 引言

1.1 编写目的

说明编写这份软件需求说明书的目的，指出预期的读者范围。

1.2 范围

说明：

- 待开发的软件系统的名称。
- 说明软件将干什么，如果需要的话，还要说明软件产品不干什么。
- 描述所说明的软件的应用，应当：
  - 尽可能精确地描述所有相关的利益、目的以及最终目标；
  - 如果有一个较高层次的说明存在，则应该使其和高层次说明中的类似陈述一致（例如系统的需求规格说明）。

1.3 定义

列出本文件中用到的专门术语的定义和缩写词的原词组。

1.4 参考资料

列出要用到的参考资料，例如：

- 本项目经核准的计划任务书或合同、上级机关的批文。
- 属于本项目的其他已发表的文件。
- 本文件中各处引用的文件、资料，包括所要用到的软件开发标准。

列出这些文件的标题、文件编号、发表日期和出版单位，说明这些文件资料的来源。

2 项目概述

2.1 产品描述

叙述该项软件开发的意图、应用目标、作用范围以及其他应向读者说明的有关该软件开发的背景材料。解释被开发软件与其他有关软件之间的关系。如果本软件产品是一项独立的软件，而且全部内容自含，则说明这一点。如果所定义的产品是一个更大系统的组成部分，则应说明本产品与该系统中其他各组成部分之间的关系，为此可使用一张方框图来说明该系统的组成和本产品同其他各部分的联系和接口。

2.2 产品功能

为将要完成的软件功能提供一个摘要。例如，对于一个记账程序来说，需求说明可以用这部分来描述：客房账目维护、客房财务报表和发票制作，而不必把功能所要求的大量细节描写出来。

有时，如果存在较高层次的规格说明，则功能摘要可从中取得，这个较高层次的规格说明为软件产品分配了特殊的功能，为了清晰起见，请注意：

- 编制功能的一种方法是制作功能表，以便客房或者第一次读这个文件的人都可以理解；
- 用方框图来表达不同的功能和它们的关系。但应牢记，这样的图不是产品设计时所需求的，而只是一种有效的解释性工具。

2.3 用户特点

列出本软件的最终用户的特点，充分说明操作人员、维护人员的教育水平和技术专长，以及本软件的预期使用频度。这些是软件设计工作的重要约束。

2.4 一般约束

本条对设计系统时限制开发者选择的其他一些项作一般性描述。

2.5 假设和依据

本条列出影响需求说明中陈述的需求的每一个因素。这些因素不是软件的设计约束，但是它们的改变可能影响到需求说明中的需求。例如，假定一个特定的操作系统是在被软件产品指定的硬件上使用的，然而，事实上，这个操作系统是不可能使用的，于是，需求说明就要进行相应的改变。

3 具体需求

3.1 功能需求

3.1.1 功能需求 1

对于每一类功能或者有时对于每一个功能，需要具体描述其输入、加工和输出的需求。由以下 4 个部分组成：

a. 引言

引言描述的是功能要达到的目标、所采用的方法和技术，还应清楚说明功能意图的由来和背景。

b. 输入

- 详细描述该功能的所有输入数据，如输入源、数量、度量单位、时间设定、有效输入范围（包括精度和公差）。
- 操作员控制细节的需求。其中有名字、操作员活动的描述、控制台或操作员的位置。例如，当打印检查时，要求操作员进行格式调整。
- 指明引用接口说明或接口控制文件的参考资料。

c. 加工

定义输入数据、中间参数，以获得预期输出结果的全部操作。它包括如下说明：

■ 输入数据的有效性检查。
■ 操作的顺序，包括事件的时间设定。
■ 响应，例如溢出、通信故障、错误处理等。
■ 受操作影响的参数。
■ 降级运行的要求。
■ 用于把系统输入变换成相应输出的任何方法（方程式、数学算法、逻辑操作等）。
■ 输出数据的有效性检查。

d. 输出

■ 详细描述该功能的所有输出数据，例如输出目的地、数量、度量单位、时间关系、有效输出的范围（包括精度和公差）、非法值的处理、出错信息。
■ 有关接口说明或接口控制文件的参考资料。

此外，对着重于输入/输出行为的系统来说，需求说明应指定所有有意义的输入/输出对及其序列。当一个系统要求记忆它的状态时，需要这个序列，使得它可以根据本次输入和以前的状态做出响应。也就是说，这种情况犹如有限状态机。

3.1.2 功能需求 2

……

3.1.*n* 功能需求 *n*

3.2 外部接口需求

3.2.1 用户接口

提供用户使用软件产品时的接口需求，例如，系统的用户通过显示终端进行操作。

3.2.2 硬件接口

要指出软件产品和系统硬部件之间每一个接口的逻辑特点，还可能包括如下事宜：支撑什么样的设备，如何支撑这些设备，有何约定。

3.2.3 软件接口

在此要指定需使用的其他软件产品（例如，数据管理系统、操作系统或数学软件包），以及同其他应用系统之间的接口。

3.2.4 通信接口

指定各种通信接口，例如，局部网络的协议等。

3.3 性能需求

从整体来说，本条应具体说明软件或人与软件交互的静态或动态数值需求。

3.4 设计约束

设计约束受其他标准、硬件限制等方面的影响。

3.4.1 其他标准的约束

本项将指定由现有的标准或规则派生的要求。

3.4.2 硬件的限制

本项包括在各种硬件约束下运行的软件要求。

3.5 属性

在软件的需求之中有若干个属性，以下指出其中的几个（注意：这不是一个完整的清单）。

3.5.1 可用性

可以指定一些因素，如检查点、恢复和再启动等，以保证整个系统有一个确定的可用性级别。

3.5.2 安全性

安全性指的是保护软件的要素，以防止各种非法的访问、使用、修改、破坏或者泄密。这个领域的具体需求必须包括：

- 利用可靠的密码技术。
- 掌握特定的记录或历史数据集。
- 给不同的模块分配不同的功能。
- 限定一个程序中某些区域的通信。
- 计算临界值的检查。

3.5.3 可维护性

规定若干需求以确保软件是可维护的，例如：

- 软件模块所需要的特殊的耦合矩阵。
- 为微型装置指定特殊的数据/程序分割要求。

3.5.4 可转移/转换性

规定把软件从一种环境移植到另一种环境所要求的用户程序，用户接口兼容方面的约束等。

3.5.5 警告

指定所需的属性十分重要，使得人们能用规定的方法进行客观的验证。

3.6 其他需求

根据软件和用户组织的特性等，某些需求放在下面各项中描述。

第二部分　概要设计说明书的编写

1 引言

1.1 编写目的

说明这份概要设计说明书的目的，指出预期的读者范围。

1.2 范围

说明：

- 待开发的软件系统的名称。
- 列出本项目的任务提出者、开发者、用户以及将运行该软件的单位。

1.3 定义

列出本文件中用到的专门术语的定义和缩写词的原词组。

1.4 参考资料

列出要用到的参考资料，例如：

- 本项目经核准的计划任务书或合同、上级机关的批文。
- 属于本项目的其他已发表的文件。
- 本文件中各处引用的文件、资料，包括所要用到的软件开发标准。

列出这些文件的标题、文件编号、发表日期和出版单位，说明这些文件资料的来源。

2 总体设计

2.1 需求规定

说明对本系统主要的输入/输出项目、处理的功能/性能要求，例如，详细的说明可参见“需求分析说明书”。

2.2 运行环境

简要地说明对本系统运行环境（包括硬件环境和支持环境）的规定，例如，详细的说明可参见“需求分析说明书”。

2.3 基本设计概念和处理流程

说明本系统的基本设计概念和处理流程，尽量使用图表的形式。

2.4 结构

用一览表及框图的形式说明本系统的系统元素（各层模块、子程序、公用程序等）的划分，扼要说明每个系统元素的标识符和功能，分层次地给出各元素之间的控制与被控制关系。

2.5 功能需求与程序的关系

本条用一张如下的矩阵图说明各项功能需求的实现同各块程序的分配关系。

	程序 1	程序 2	……	程序 *m*
功能需求 1	√			
功能需求 2		√		
……				
功能需求 *n*		√		√

2.6 人工处理过程

说明在本软件系统的工作过程中不得不包含的人工处理过程（如果有的话）。

2.7 尚未解决的问题

说明在概要设计过程中尚未解决而设计者认为在系统完成之前必须解决的各个问题。

3 接口设计

3.1 用户接口

说明将向用户提供的命令和它们的语法结构，以及软件的回答信息。

3.2 外部接口

说明本系统同外界所有接口的安排包括软件与硬件之间的接口、本系统与各支持软件之间的接口关系。

3.3 内部接口

说明本系统之内的各个系统元素之间的接口安排。

4 运行设计

4.1 运行模块组合

说明对系统施加不同的外界运行控制时所引起的各种不同的运行模块组合，说明每种运行所历经的内部模块和支持软件。

4.2 运行控制

说明每一种外界的运行控制的方式方法和操作步骤。

4.3 运行时间

说明每种运行模块组合将占用各种资源的时间。

5 系统数据结构设计

5.1 逻辑结构设计要点

给出本系统内所使用的每个数据结构的名称、标识符以及它们之中每个数据项、记录、文卷和系的标识、定义、长度及它们之间的层次或表格的相互关系。

5.2 物理结构设计要点

给出本系统内所使用的每个数据结构中的每个数据项的存储要求、访问方法、存取单位、存取的物理关系（索引、设备、存储区域）、设计考虑和保密条件。

5.3 数据结构与程序的关系

说明各个数据结构与访问这些数据结构的各个程序之间的对应关系，可采用如下矩阵图的形式。

	程序 1	程序 2	……	程序 *m*
数据结构 1	√			
数据结构 2		√		
……				
数据结构 *n*		√		√

6 系统出错处理设计

6.1 出错信息

用一览表的方式说明每种可能的出错或故障情况出现时，系统输出信息的形式、含义及处理方法。

6.2 补救措施

说明故障出现后可能采取的变通措施，包括：

- 后备技术：说明准备采用的后备技术，当原始系统数据万一丢失时启用的副本的建立和启动的技术，例如周期性把磁盘信息记录到磁带上就是对磁盘媒体的一种后备技术。
- 降效技术：说明准备采用的后备技术，使用另一个效率稍低的系统或方法来求得所需结果的某些部分，例如，一个自动系统的降效技术可以是手工操作和数据的人工记录。
- 恢复及再启动技术：说明将使用的恢复再启动技术，使软件从故障点恢复执行或使软件开始重新运行的方法。

6.3 系统维护设计

说明为了系统维护的方便而在程序内部设计中做出的安排，包括在程序中专门安排用于系统的检查与维护的检测点和专用模块。

第三部分　详细设计说明书的编写

1 引言

1.1 编写目的

说明编写这份详细设计说明书的目的，指出预期的读者范围。

1.2 背景

说明：

- 待开发的软件系统的名称。
- 列出本项目的任务提出者、开发者、用户以及将运行该软件的单位。

1.3 定义

列出本文件中用到的专门术语的定义和缩写词的原词组。

1.4 参考资料

列出要用到的参考资料，例如：

- 本项目经核准的计划任务书或合同、上级机关的批文。
- 属于本项目的其他已发表的文件。
- 本文件中各处引用的文件、资料，包括所要用到的软件开发标准。

列出这些文件的标题、文件编号、发表日期和出版单位，说明这些文件资料的来源。

2 程序系统的结构

用一系列图表列出本程序系统内的每个程序（包括每个模块和子程序）的名称、标识符和它们之间的层次结构关系。

3 程序 1（标识符）设计说明

逐个地给出各个层次中的每个程序的设计考虑（以下给出的提纲是针对一般情况的）。对于一个具体的模块，尤其是层次比较低的模块或子程序，其很多条目的内容往往与它所隶属的上一层模块的对应条目的内容相同，在这种情况下，只要简单地说明这一点即可。

3.1 程序描述

给出对该程序的简要描述，主要说明安排设计本程序的目的意义，并说明本程序的特点（如是常驻内存还是非常驻内存？是否为子程序？是可重入的还是不可重入的？有无覆盖要求？是顺序处理还是并发处理……）。

3.2 功能

说明该程序应具有的功能，可采用 IPO 图（即输入-处理-输出图）的形式。

3.3 性能

说明对该程序的全部性能要求，包括对精度、灵活性和时间特性的要求。

3.4 输入项

给出对每一个输入项的特性，包括名称、标识、数据的类型和格式、数据值的有效范围、输入的方式、数量和频度、输入媒体、输入数据的来源和安全保密条件等。

3.5 输出项

给出对每一个输出项的特性，包括名称、标识、数据的类型和格式、数据值的有效范围、输出的形式、数量和频度、输出媒体、对输出图形及符号的说明、安全保密条件等。

3.6 算法

详细说明本程序所选用的算法，具体的计算公式和计算步骤。

3.7 流程逻辑

用图表（例如流程的流程图、判定表等）辅以必要的说明来表示本程序的逻辑流程。

3.8 接口

用图的形式说明本程序所隶属的上一层模块及隶属于本程序的下一层模块、子程序，说明参数赋值和调用方式，说明与本程序有直接关系的数据结构（数据库、数据文卷）。

3.9 存储分配

根据需要说明本程序的存储分配。

3.10 注释设计

说明准备在本程序中安排的注释，例如：

- 加在模块首部的注释。
- 加在各分支点的注释。
- 对各变量的功能、范围、默认条件等所加的注释。
- 对使用的逻辑所加的注释。

3.11 限制条件

说明本程序运行中所受到的限制条件。

3.12 测试计划

说明对本程序进行单体测试的计划，包括对测试的技术要求、输入数据、预期结果、进度安排、人员职责、设备条件驱动程序及桩模块等的规定。

3.13 尚未解决的问题

说明在本程序的设计中尚未解决而设计者认为在软件完成之前应解决的问题。

4 程序 2（标识符）设计说明

用类似第 3 点的方式，说明第二个程序乃至第 *N* 个程序的设计考虑。

第四部分 软件测试计划的编写

1 引言

1.1 编写目的

阐明编写本测试计划的目的并指明读者对象。

1.2 项目背景

说明项目的来源、委托单位及主管部门。

1.3 定义

列出本测试计划中所用到的专门术语的定义和缩写词的原意。

1.4 参考资料

列出有关资料的作者、标题、编号、发表日期、出版单位或资料来源，可包括：①本项目的计划任务书、合同或批文；②项目开发计划；③需求规格说明书；④概要设计说明书；⑤详细设计说明书；⑥用户操作手册；⑦本测试计划中引用的其他资料、采用的软件开发标准或规范。

2 任务概述

分别对测试目标、运行环境、需求概述、条件与限制等进行说明。

3 计划

3.1 测试方案

说明确定测试方法和选取测试用例的原则。

3.2 测试项目

列出组装测试和确认测试中每一项测试的内容、名称、目的和进度。

3.3 测试准备

3.4 测试机构及人员

测试机构名称、负责人和职责。

4 测试项目说明（按顺序逐个对测试项目做出说明）

4.1 测试项目名称及测试内容

4.2 测试用例

4.2.1 输入

输入的数据和命令。

4.2.2 输出

预期的输出数据。

4.2.3 步骤及操作

4.2.4 允许偏差

给出实测结果与预期结果之间允许的偏差范围。

4.3 进度

4.4 条件

给出本项测试对资源的特殊要求，如设备、软件、人员等。

4.5 测试资料

说明本项测试所需的资料。

5 评价

5.1 范围

说明所完成的各项测试反馈问题的范围及其局限性。

5.2 准则

说明评价测试结果的准则。

第五部分　测试分析报告的编写

1 引言

1.1 编写目的

说明这份测试分析报告的具体编写目的，指出预期的读者范围。

1.2 背景

说明：

- 被测试软件系统的名称。
- 该软件的任务提出者、开发者、用户及安装此软件的计算机要求，指出测试环境与实际运行环境之间可能存在的差异以及这些差异对测试结果的影响。

1.3 定义

列出本文件中用到的专门术语的定义和缩写词的原词组。

1.4 参考资料

列出要用到的参考资料，例如：

- 本项目经核准的计划任务书或合同、上级机关的批文。
- 属于本项目的其他已发表的文件。
- 本文件中各处引用的文件、资料，包括所要用到的软件开发标准。

列出这些文件的标题、文件编号、发表日期和出版单位，说明能够得到这些文件资料的来源。

2 测试概要

用表格的形式列出每一项测试的标识符及其测试内容，并指明实际进行的测试工作内容与测试计划中预先设计的内容之间的差别，说明做出这种改变的原因。

3 测试结果及发现

3.1 测试 1（标识符）

把本项测试中实际得到的动态输出（包括内部生成数据输出）结果与动态输出的要求进行比较，陈述其中的各项发现。

3.2 测试 2（标识符）

用与 3.1 条相类似的方式给出第 2 项及其后各项测试内容的测试结果和发现。

4 对软件功能的结论

4.1 功能 1（标识符）

4.1.1 能力

简述该功能，说明为满足此项功能而设计的软件能力，以及经过一项或多项测试已证实的能力。

4.1.2 限制

说明测试数据值的范围（包括动态数据和静态数据），列出就这项功能而言，测试期间在该软件中查出的缺陷、局限性。

4.2 功能 2（标识符）

用与 4.1 条相类似的方式给出第 2 项及其后各项功能的测试结论。

5 分析摘要

5.1 能力

陈述经测试证实了的本软件的能力。如果所进行的测试是为了验证一项或几项特定性能要求的实现，应提供这方面的测试结果与要求之间的比较，并确定测试环境与实际运行环境之间可能存在的差异对能力的测试带来的影响。

5.2 缺陷和限制

陈述经测试证实的软件缺陷和限制，说明每项缺陷和限制对软件性能的影响，并说明全部测得的性能缺陷的累积影响和总影响。

5.3 建议

对每项缺陷提出改进建议，例如：

- 各项修改可采用的修改方法。
- 各项修改的紧迫程度。
- 各项修改预计的工作量。
- 各项修改的负责人。

5.4 评价

说明该项软件的开发是否已达到预定目标，能否交付使用。

6 测试资源消耗

总结测试工作的资源消耗数据，如工作人员的水平级别数量、机时消耗等。

第六部分　项目开发总结报告的编写

1 引言

1.1 编写目的

说明编写这份项目开发总结报告的目的，指出预期的读者范围。

1.2 背景

说明：

- 本项目的名称和所开发出来的软件系统的名称。
- 该软件的任务提出者、开发者、用户及安装此软件的计算机要求。

1.3 定义

列出本文件中用到的专门术语的定义和缩写词的原词组。

1.4 参考资料

列出要用到的参考资料，例如：

- 本项目经核准的计划任务书或合同、上级机关的批文。
- 属于本项目的其他已发表的文件。
- 本文件中各处引用的文件、资料，包括所要用到的软件开发标准。

列出这些文件的标题、文件编号、发表日期和出版单位，说明这些文件资料的来源。

2 实际开发结果

2.1 产品

说明最终制成的产品，包括：

- 程序系统各个程序的名称，它们之间的层次关系，以千字节为单位的各个程序的程序量、存储媒体的形式和数量。
- 程序系统共有哪几个版本，各自的版本号及它们之间的区别。
- 每个文件的名称。
- 所建立的每个数据库。

如果开发中制定过配置管理计划，要同这个计划进行比较。

2.2 主要功能和性能

逐项列出本软件产品实际具有的主要功能和性能，对照可行性研究报告、项目开发计划、功能需求说明书的有关内容，说明原定的开发目标是达到了、未完全达到还是超过了。

2.3 基本流程

用图给出本程序系统实际的基本处理流程。

2.4 进度

列出原定计划进度与实际进度的对比，明确说明实际进度是提前了还是延迟了，分析主要原因。

2.5 费用

列出原定计划费用与实际支出费用的对比，包括：

- 工时，以人月为单位，并按不同级别统计。
- 计算机的使用时间，区别 CPU 时间及其他设备时间。
- 物料消耗、出差费等其他支出。

明确说明经费是超出了还是节余了，分析其主要原因。

3 开发工作评价

3.1 对生产效率的评价

给出实际生产效率，包括：

- 程序的平均生产效率，即每人月生产的行数。
- 文件的平均生产效率，即每人月生产的千字数。

列出原定计划数作为对比。

3.2 对产品质量的评价

说明在测试中检查出来的程序编制中的错误发生率，即每千条指令（或语句）中的错误指令数（或语句数）。如果开发中制定过质量保证计划或配置管理计划，要同这些计划进行比较。

3.3 对技术方法的评价

给出对在开发中所使用的技术、方法、工具、手段的评价。

3.4 出错原因的分析

给出对开发中出现的错误原因分析。

4 经验与教训

列出从这项开发工作中得到的最主要的经验与教训，及对今后项目开发工作的建议。

第七部分　维护文档的编写

1 引言

引言主要包括：

- 编写目的：阐明编写手册的目的，并指明读者对象。
- 项目背景：说明项目的提出者、开发者、用户和使用场所。
- 定义：列出报告中所用到的专门术语的定义和缩写词的原意。
- 参考资料：列出有关资料的作者、标题、编号、发表日期、出版单位或资料来源，及保密级别，包括用户操作手册；与本项目有关的其他文档。

2 系统说明

系统说明主要包括：

- 系统用途：说明系统具备的功能，输入和输出。
- 安全保密：说明系统安全保密方面的考虑。
- 总体说明：说明系统的总体功能，对系统、子系统和作业做出综合性的介绍，并用图表的方式给出系统主要部分的内部关系。

3 程序说明

说明系统中每一程序、分程序的细节和特性。

3.1 程序 1 的说明

- 功能：说明程序的功能。
- 方法：说明实现方法。

- 输入：说明程序的输入、媒体、运行数据记录、运行开始时使用的输入数据类型和存放单元、与程序初始化有关的入口要求。
- 处理：处理特点和目的，如用图表说明程序的运行的逻辑流程；程序主要转移条件；对程序的约束条件；程序结束时的出口要求；与下一个程序的通信与连接（运行、控制）；由该程序产生并处理程序段使用的输出数据类型和存放单元；程序运行存储量、类型及存储位置等。
- 输出：程序的输出。
- 接口：本程序与本系统其他部分的接口。
- 表格：说明程序内部的各种表、项的细节和特性。对每张表的说明至少包括：表的标识符；使用目的；使用此表的其他程序；逻辑划分，如块或部，不包括表项；表的基本结构；设计安排，包括表的控制信息。表目结构细节、使用中的特有性质及各表项的标识、位置、用途、类型、编码表示。
- 特有的运行性质：说明在用户操作手册中没有提到的运行性质。

3.2 程序 2 的说明

与程序 1 的说明相同。其他各程序的说明相同。

4 操作环境

4.1 设备

逐项说明系统的设备配置及其特性。

4.2 支持软件

列出系统使用的支持软件，包括它们的名称和版本号。

4.3 数据库

说明每个数据库的性质和内容，包括安全考虑。

4.3.1 总体特征

如标识符、使用这些数据库的程序、静态数据、动态数据；数据库的存储媒体；程序使用数据库的限制。

4.3.2 结构及详细说明

- 说明该数据库的结构，包括其中的记录和项。
- 说明记录的组成，包括首部或控制段、记录体。
- 说明每个记录结构的字段，包括标记或标号、字段的字符长度和位数、该字段的允许值范围。
- 扩充：说明为记录追加字段的规定。

5 维护过程

5.1 约定

列出该软件系统设计中所使用的全部规则和约定，包括程序、分程序、记录、字段和存储区的标识或标号助记符的使用规则；图表的处理标准、卡片的连接顺序、语句和记号中使用的缩写、出现在图表中的符号名；使用的软件技术标准；标准化的数据元素及其特征。

5.2 验证过程

说明一个程序段修改后，对其进行验证的要求和过程（包括测试程序和数据）及程序周期性验证的过程。

5.3 出错及纠正方法

列出出错状态及其纠正方法。

5.4 专门维护过程

说明文档其他地方没有提到的专门维护过程。例如，维护该软件系统的输入/输出部分（如数据库）的要求、过程和验证方法；运行程序库维护系统所必需的要求、过程和验证方法；对闰年、世纪变更所需的临时性修改等。

5.5 专用维护程序

列出维护软件系统使用的后备技术和专用程序（如文件恢复程序、淘汰过时文件的程序等）的目录，并加以说明，内容包括：维护作业的输入/输出要求；输入的详细过程及在硬设备上建立、运行并完成维护作业的操作步骤。

5.6 程序清单和流程图

引用或提供附录给出程序清单和流程图。

第八部分　用户使用手册的编写

1 引言

引言主要包括：

- 编写目的：阐明编写手册的目的，并指明读者对象。
- 项目背景：说明项目的提出者、开发者、用户和使用场所。
- 定义：列出报告中所用到的专门术语的定义和缩写词的原意。
- 参考资料：列出有关资料的作者、标题、编号、发表日期、出版单位或资料来源，及保密级别，包括用户操作手册；与本项目有关的其他文档。参考资料可包括：
  ① 项目的计划任务书、合同或批文。
  ② 项目开发计划。
  ③ 需求规格说明书。
  ④ 概要设计说明书。
  ⑤ 详细设计说明书。
  ⑥ 测试计划。
  ⑦ 手册中引用的其他资料、采用的软件工程标准或软件工程规范。

2 软件概述

对软件实现的目标、功能、性能等进行概要说明。其中性能方面包括：

- 数据精确度，包括输入、输出及处理数据的精度。
- 时间特性，如响应时间、处理时间、数据传输时间等。

● 灵活性，在操作方式、运行环境需做某些变更时软件的适应能力。

3 运行环境

3.1 硬件

列出软件系统运行时所需的最低硬件配置，例如：

● 计算机型号、主存容量。

● 外存储器、媒体、记录格式、设备型号及数量。

● 输入/输出设备。

● 数据传输设备及数据转换设备的型号及数量。

3.2 支持软件

支持软件可包括：

● 操作系统名称及版本号。

● 语言编译系统或汇编系统的名称及版本号。

● 数据库管理系统的名称及版本号。

● 其他必要的支持软件。

4 使用说明

4.1 安装和初始化

给出程序的存储形式、操作命令、反馈信息及其含义、表明安装完成的测试实例以及安装所需的软件工具等。

4.2 输入

给出输入数据或参数的要求。

● 数据背景，说明数据来源、存储媒体、出现频度、限制和质量管理等。

● 数据格式，例如，长度、格式基准、标号、顺序、分隔符、词汇表、省略和重复、控制。

● 输入举例。

4.3 输出

给出每项输出数据的说明。

● 数据背景，说明输出数据的去向、使用频度、存放媒体及质量管理等。

● 数据格式，详细阐明每一输出数据的格式。如首部、主体和尾部的具体形式。

● 输出举例。

4.4 出错和恢复

给出出错信息及其含义；用户应采取的措施，如修改、恢复、再启动。

4.5 求助查询

说明如何操作。

5 运行说明

5.1 运行表

列出每种可能的运行情况，说明其运行目的。

5.2 运行步骤

按顺序说明每种运行的步骤，应包括：

- 运行控制。
- 操作信息。

  ① 运行目的。

  ② 操作要求。

  ③ 启动方法。

  ④ 预计运行时间。

  ⑤ 操作命令格式及格式说明。

  ⑥ 其他事项。
- 输入/输出文件。给出建立或更新文件的有关信息，例如：

  ① 文件的名称及编号。

  ② 记录媒体。

  ③ 存留的目录。

  ④ 文件的支配，说明确定保留文件或废弃文件的准则，分发文件的对象，占用硬件的优先级及保密控制等。
- 启动或恢复过程。

6 非常规过程

提供应急或非常规操作的必要信息及操作步骤，如出错处理操作、向后备系统切换操作以及维护人员须知的操作和注意事项。

7 操作命令一览表

按字母顺序逐个列出全部操作命令的格式、功能及参数说明。

8 程序文件（或命令文件）和数据文件一览表

按文件名的字母顺序或按功能与模块的分类顺序逐个列出文件名称、标识符及说明。

9 用户操作举例

附录B

UML 简介

1 UML 的定义

UML（统一建模语言）是一个通用的标准建模语言，它可以对任何具有静态结构和动态行为的系统进行面向对象的建模。UML 适用于系统开发整个过程中从需求规格描述到系统完成后测试的不同阶段。

2 UML 图的构成成分

UML 定义了 5 类模型图：用例图、静态图、行为图、实现图、交互图。这 5 类图共有 10 种图。

2.1 用例图

用例图是一种用户模型视图，是系统功能的描述。它从用户的角度描述系统的功能，并指出各个功能的操作者。

2.2 静态图

静态图是一种结构模型视图，这种图描述系统的静态结构，有类图、对象图、包图。

- 类图用于定义系统的类，包括描述类之间的联系，以及类的内部结构（类的属性和操作）。类图描述的是一种静态关系。
- 对象图是类图的一个实例，它使用了与类图几乎相同的符号。对象图只能在系统的某一时间段存在。
- 包图由包或者类组成，用于描述系统的分层结构。

2.3 行为图

行为图是一种行为模型视图，这种图描述系统的动态行为和组成系统的对象之间的交互关系。行为图有状态图和活动图。

2.4 实现图

实现图是一种实现模型视图，这种图描述系统实现的信息。实现图有构件图和配件图。

2.5 交互图

交互图是一种环境模型视图，表示系统的环境结构和行为，这种图描述系统对象之间的交互关系。交互图有顺序图和合作图。

面向对象 UML 分析模型基本只需用例图、类图、状态图、协作图和顺序图 5 种图，就可以较完整地表示用户的需求。

术 语 表

（1）BCE（Boundary Controller Entity，边界-控制-实体方法）：指在面向对象的软件开发中，将软件中的类与对象划分为边界类、控制类、实体类 3 种软件构造方法。

（2）CMM（Capability Maturity Model for Software，能力成熟度模型）：它将软件开发团队能力分成 5 个不同层次，每个级别在前一个级别的基础上具有新的更高级能力。

（3）DFD（Data Flow Diagram，数据流图）：它从数据传递和加工角度，以图形方式来表达系统的逻辑功能、数据在系统内部的逻辑流向和逻辑变换过程，是结构化系统分析方法的主要表达工具，也是用于表示软件模型的一种图示方法。

（4）E-R 图（Entity Relationship Diagram，实体-联系图）：提供了表示实体类型、属性和联系的方法，用来描述现实世界的概念模型。

（5）ISO9000（质量管理体系标准）：它不是指一个标准，而是一种标准的统称。ISO9000 是由 TC176（质量管理体系技术委员会）制定的所有国际标准。ISO9000 是 ISO（International Standard Organized，国际标准化组织）发布的 12000 多个标准中最畅销、最普遍的产品。它同样适合软件开发过程的质量管理。

（6）MVC（Model View Controller，设计视图控制器）：是一种设计模式，用于组织代码用一种业务逻辑和数据显示分离的方法。

（7）N-S 图（N-S diagrams，N-S 流程图）：也被称为盒图，是为了保证结构化程序设计而由 Nassi 和 Shneiderman 共同提出的一种图形工具。它能清晰、明确地表示程序的运行过程，它把整个程序写在一个大框图内，这个大框图由若干个小的基本框图构成。

（8）OO（Object Oriented，面向对象）。

（9）OOD（Object-Oriented Design，面向对象设计）。

（10）OOA（Object-Oriented Analysis，面向对象分析）。

（11）OOP （Object Oriented Programming，面向对象程序设计）。

（12）PAD（Problem Analysis Diagram，问题分析图）：主要用于描述软件详细设计的图形表示工具。

（13）PDL（Program Design Language，程序设计语言）：也可称为伪码或结构化语言，功能强大，用于书写程序设计规范。它是程序设计中广泛使用的语言之一。

（14）QA（Quality Assurance，质量保证）：指采取相关的活动，以保证一个开发组织交付的产品满足性能需求和已确立的标准和过程。

（15）RUP/UP（Rational Unified Process，统一软件开发过程）：是一种以用例驱动、以体系结构为核心、迭代及增量的软件过程模型，由 UML 方法和工具支持，广泛应用于各类面向对象项目。

（16）UML（Unified Modeling Language，统一建模语言）：是用来对软件密集系统进行可视化建模的一种语言。

参考文献

[1] 陆红. 基于典型工作任务模式的软件工程课程设计[J]. 科技创新导报，2010，（11）：139+141.

[2] 黄方慧，赵志群. 行动导向：项目教学的重要理论基础[J]. 教育，2015，（20）：75-77.

[3] 张海藩. 软件工程导论[M]（第五版）. 北京：清华大学出版社，2008.

[4] 马林艺，张喜英，钱春升. 软件工程[M]. 北京：机械工业出版社，2008.

[5] 孙涌，陈建明，王辉，软件工程教程[M]. 北京：机械工业出版社，2010.

[6] 陆兵. 软件开发与管理[M]. 北京：清华大学出版社，2009.

[7] 窦万峰等. 软件工程方法与实践[M]. 北京：机械工业出版社，2009.

[8] 窦万峰等. 软件工程实验教程[M]. 北京：机械工业出版社，2009.

[9] 张家浩. 软件项目管理[M]. 北京：机械工业出版社，2005.

[10] 朱少民，韩莹. 软件项目管理[M]. 北京：人民邮电出版社，2009.

[11] （美）Brett McLaughlin Gary Pollice David West. 深入浅出面向对象分析与设计[M]. 南京：东南大学出版社，2009.

[12] 杨律青. 软件项目管理[M]. 北京：电子工业出版社，2012.

[13] 贲可荣，何智勇. 软件工程：基于项目的面向对象研究方法[M]. 北京：机械工业出版社，2009.

[14] （美）Craig Larman 著，李洋，郑龚译. UML 和模式应用：面向对象分析与设计导论[M]. 北京：机械工业出版社，2001.

[15] （美）Carma McClure 著，廖泰安，宋志远，沈升源译. 软件复用技术：在系统开发过程中考虑复用[M]. 北京：机械工业出版社，2003.

[16] （美）Robert C. Martin 著，邓辉译. 敏捷开发方法：原则、模式与实践[M]. 北京：清华大学出版社，2003.

[17] 杜文洁，白萍. 实用软件工程与实训[M]. 北京：清华大学出版社，2009.

[18] 韩万江等. 软件项目管理案例教程[M]. 北京：机械工业出版社，2005.

[19] 周丽娟，王华. 新编软件工程实用教程[M]. 北京：电子工业出版社，2008.

[20] 徐芳. 软件测试技术[M]. 北京：机械工业出版社，2012.

[21] 王才双. 跨平台移动应用开发框架的研究与设计[D]. 云南大学，2016.

[22] 李琦琳. 基于 HTML5 移动开发平台研究[J]. 信息系统工程，2017，（08）：103-104.

[23] 王魁生，王晓波. 利用 JSON 进行网站客户端与服务器数据交互[J]. 软件导刊，2010，03：147-149.